清华大学建筑 规划 景观设计教学丛书

规则与目标

县市国土空间规划

于涛方 等 著

清华大学出版社

北京

内 容 简 介

本书是 2019 年清华大学建筑学院城市规划专业在全国率先进行国土空间规划本科生设计课（4 年级上学期"城乡规划设计（5）""城乡规划设计（6）"）探索的基础上，进一步整理加工提炼而成的。本书内容聚焦了国土空间规划面向的"规则统治"和"目标统治"理念和方法（事实上在学界甚至有人将之视为城市规划的两个"元理论"），并兼顾了传统城市设计"诗意栖居"营造的方法和工具积极运用。在生态环境、文化遗产、发展转型、扶贫致富等典型性和特殊性来看，规划设计对象——河北省保定市涞源县不仅仅是京津冀协同发展战略的一个关键样本，也是国家国土空间规划和治理的一个关键样本。

本书适用于城市规划、土地利用规划、发展规划、城市设计、人文地理学等专业的高年级学生，可提高对新时期国土空间规划体系的深入理解，并提高从公共品、外部性等视角进行理性分析与综合判断的能力。

图书在版编目（CIP）数据

规则与目标：县市国土空间规划 / 于涛方等著. — 北京：清华大学出版社，2023.12
（清华大学建筑　规划　景观设计教学丛书）
ISBN 978-7-302-65145-1

Ⅰ.①规… Ⅱ.①于… Ⅲ.①国土规划—研究 Ⅳ.①TU98

中国国家版本馆CIP数据核字（2024）第019576号

审图号：GS京（2023）2342号

责任编辑：张占奎
封面设计：陈国熙
责任校对：欧　洋
责任印制：杨　艳

出版发行：清华大学出版社
　　　　网　　　址：https://www.tup.com.cn, https://www.wqxuetang.com
　　　　地　　　址：北京清华大学学研大厦A座　　　　邮　　编：100084
　　　　社 总 机：010-83470000　　　　　　　　　　邮　　购：010-62786544
　　　　投稿与读者服务：010-62776969, c-service@tup.tsinghua.edu.cn
　　　　质量反馈：010-62772015, zhiliang@tup.tsinghua.edu.cn
印 装 者：北京博海升彩色印刷有限公司
经　　销：全国新华书店
开　　本：165mm×230mm　　　印　　张：16.25　　　字　　数：266千字
版　　次：2023年12月第1版　　　印　　次：2023年12月第1次印刷
定　　价：98.00元

产品编号：093994-01

前　言

　　2018 年以来，国家规划体系不断重构，传统的高度注重形体布局的城市总体规划开始转向底线管控和资源配置优化的国土空间规划。在该背景下，高等院校城市规划理论和实践等教学也需在一定程度上进行相应的改革。

　　自 2017 年开始，清华大学城市规划本科"总规"环节的设计课不断地从公共经济学视角、外部性理论等方面进行探索，并在 2018 年国土空间规划编制等体系快速酝酿发展之际，进行了"北京周口店镇国土空间规划"等的设计课探索，出版了《体国经野：小城镇空间规划》一书（清华大学出版社，2021 年出版）。

　　进一步地，在 2019 年，进行了县（市、区）级行政单元尺度的国土空间规划设计课教学，并借鉴哈耶克的"规则统治""目标统治"理念和假说，对规划变革的元理论基础进行了梳理、思考，并进行了教学尝试。

　　除了面向未来城市、精细化空间治理的大数据、信息科学等推动外，美丽中国、生态文明、两山理论、高质量发展等新理念成为当前我国城市规划变革的重要动力。在"中央—地方""政府—市场"关系发生深刻变化的国家战略安排下，这场城市规划变革虽然还需要一段很长的适应和成熟期，但毫无悬念的是，山水林田湖草、历史文化遗产和乡村振兴、扶贫发展等公共品属性和正外部性效应极强的空间要素已经成为城市规划和政府积极作为的核心范畴。在这种情况下，公共经济学、自然资源管理学自然成为学科重新建构的核心关注方向和内容，减量提质、生态修复、国土整治、文化遗产保护传承和利用等成为重点。

　　为此，一方面，本书的规划研究与设计高度注重公共议题，如乡村扶贫、矿坑治理、山水林田湖草生态保护、长城体系等文化遗产要素保护、基本公共服务设施均等化以及景观风貌等。但另一方面，我国仍然处于市场体系不断健全的转型过程中，其空间治理和空间规划仍然高度需要愿景和目标设定的统领，再加上涞源县所处的保定市以及京津冀地区在国家战略推动、市场重构等多元驱动下，面临经济社会和空间结构性重构的剧烈变动的过程，北京非核心首都功能的疏解、雄安新区建设、区域高速铁路和北京冬奥会等重大项目的安排以及首都地区的文化和政治服务等强化发展，因此本书仍然高度重视"目标统治"下的畿辅地区区域发展逻辑、首善之区的发展愿景对地方的重塑、高度重视全球及国家和区域的结构性调整对地方的结构性影响等，在设计中，除了强调底线思维、近期行动计划、公共领域切入外，也强调远景蓝图、远期愿景等战略展望和目标、指标设定。总之，在方法论层面，本书融合了国土空间规划空间资源管理的"规则统治"基准价值，和传统城市规划与设计在"诗意栖居"等方面的"目标统治"等方面的专业优势。从"规则·目标"各美其美、美美与共的理念下，本书突出了公共经济学视角的"生态""文化遗产""景观风貌""扶贫""公共品供给"等"规则统治"的议题，同时突出了国际标杆借鉴、首都地区世界级城市群打造、诗情画意栖居、"世外涞源"等"目标统治"的内容，并试图将战略性区域发展－行动性地方治理、国土空间规划－城市设计等有机融合在一起。

地处太行山深处的涞源县毗邻首都北京，是"九河下梢"雄安新区和白洋淀的最大河流——拒马河的源头，山水林田湖草等生态资源丰富且生态服务价值突出，拥有世界级的稀缺性自然遗产，涞源县独占"太行八陉"中的两陉（飞狐陉和蒲阴陉），因此历史上军事和商业等地位突出，具有乌龙沟长城、辽代木构建筑阁院寺等国家文化瑰宝。总之，涞源县不仅仅是国土空间规划和空间治理的一个关键区域样本，也是京津冀协同发展战略实施的"深山区"生态涵养、发展转型、首都功能承载的关键样本区域。

目　录

第 1 章　序言：面向国土空间规划变革的 studio 设计

本书是在清华大学本科生 4 年级"小城镇规划设计课"（2019 年）课程基础上整合深化而成的。与 2017 年、2018 年的建制镇尺度相比，2019 年的设计对象为县市行政单元城镇。

早在西汉时期，司马迁在《史记》中指出"县集而郡，郡集而天下，郡县治，天下无不治"，东汉荀悦在《前汉纪》中也指出"郡县治，天下安"。县域治理可谓是国家治理的基础和重点。我国县的建制始于春秋时期，因秦代推进郡县制而得到巩固和发展。2000 多年来，县一直是我国国家结构的基本单元，稳定存在至今。虽说县的级别不高，但地位特殊，直接和老百姓打交道，担负承上启下、基层治理、政策落地、反映民意的职能。这也是历史上县官被称作"父母官"的缘由。习近平总书记指出：县域治理是推进国家治理体系和治理能力现代化的重要一环。县域是国家稳定的基础，基础不牢，地动山摇。县域面积占了中国国土面积的 89%，户籍人口占了中国总人口的 70%。郡县治则天下安。"如果把国家喻为一张网，全国三千多个县就像这张网上的纽结。'纽结'松动，国家政局就会发生动荡；'纽结'牢靠，国家政局就稳定。国家的政令、法令无不通过县得到具体贯彻落实。因此，从整体与局部的关系看，县一级工作好坏，关系国家的兴衰安危。"[①]

在当前的国土空间规划中，县级国土空间规划是五级三类的中间环节，发挥承上启下和统筹协调的重要作用。同时，县域也是我国全面推进乡村振兴战略的主战场，解决好三农问题，全面实施乡村振兴战略也是推进社会主义现代化建设的重要支撑。

---

① 习近平，《从政杂谈》，1990。

规划处于一个快速的变革时期，传统基于总体规划的范畴开始转向基于"生态文明"的国土空间规划的范畴。规划不仅仅关注生活和非农生产的建成环境，而且更加注重山水林田湖草等非建设空间，也就是说生态空间、农田空间的保护和利用。

《规则与目标：县市国土空间规划》一书，是在当前国土空间规划情境下，对县市层级的城市进行设计课教学的探索。"规则与目标"一词借鉴了哈耶克（Hayek）的"规则统治"和"目标统治"理念。从这个意义上来讲，曾经的城市规划虽然也有很多的规则作用，但更多的是一种"目标统治"导向的"终极蓝图式规划"，因此，在市场经济和多元主体参与下，其局限性甚至是谬误日益凸显，"规划浪费是最大的浪费"。之后，在公共部门经济学或者政府经济学的原理框架下，在顶层设计下，规划作为一种公共政策应该发挥"底线思维"，弥补"市场失灵"缺憾，其职能从传统的建设部领域转移到自然资源部领域，国土空间规划取代了传统的城市总体规划等规划体系。在小城镇规划 studio 中，一直坚持"规则统治"的理念，同时也兼顾"目标统治"的理念，贯彻国家在党的十八大以后关于"政府和市场""中央和地方"关系变化的国家战略。

1.1 组织设计

自 2009 年开始，清华大学已连续开设了 10 年的研究生课程"专题设计一：空间规划"，并先后出版了《空间规划》（清华大学出版社，2017 年）、《空间规划 II》（清华大学出版社，2020）等作品集。自 2013 年城乡规划学专业本科招生以来，"小城镇规划设计课"也成为一门非常核心的设计课。同时，党的十八大以来国家关于"市场—政府""中央—地方"的国家战略安排促进着清华大学在规划教学方面的不断改革和创新，与时俱进地新设了"城市规划经济学""人文地理学"等理论课程。

随着国家国土空间规划"四梁八柱"的形成，清华大学进一步形成了由"小城镇国土空间规划设计 studio"（4 年级上学期）、"毕业设计"（4 年级下学期）以及研究生 1 年级的"专题设计一：空间规划 studio"组成的"螺旋进阶式"的"国土空间规划设计"课程群，这在国内独一无二。一方面，这种 studio 群的课程旨在通过设计课来统筹理论学习、提升战略判断与实践能力;另一方面,由于课时限制等原因,一些关键的课程如经济学、管理学、地理学甚至是人类学、政治学等并未系统开设,而是通过设计课平台构筑,打开了与相关领域模块对接和交叉的渠道。

清华大学的"小城镇规划设计课"课程教学设在 4 年级上学期,共 16 周 128 学时。其教学曾主要是以传统的总体规划设计为基础,认识小城镇尺度的规划设计和规划管理问题,来统筹规划理论知识的融会贯通。之后,尤其在 2015 年后,"小城镇规划设计课"一直在不断探索,寻找与时代变迁相应的规划方法论和设计表达。

在"小城镇规划设计 studio"之后,是本科生毕业设计和研究生"空间规划 studio"以及"总体城市设计 studio"。从教学组织来看,前 8 周课程进行专题讲座、现场田野调查和专题研究。专题研究注重区域分析、产业空间、人口需求、土地利用、交通支撑、生态文化等小城镇本身发展和区域背景的清晰认知,从而形成定位、空间战略等基本判断。进而,后 8 周课程注重运用情景规划方法,以及问题导向和目标导向相结合的路径,深化小城镇空间发展的战略性预判和框架性策略,开展县域和县城等不同空间尺度的空间规划与设计表达。小城镇"麻雀虽小,五脏俱全",甚至在一定程度上在规划中比大中城市更需要精准认识、洞悉和把握,更需要精准的靶向规划判断、布局和设计、策划。因此,从教学组织方式上,要充分利用"教学共同体"。课程组织邀请国家自然资源部、住房和城乡建设部等管理和技术服务部门以及中国城市发展研究院等政府管理和技术人员共同建设,融入到讲座、调研、点评等各个教学环节,如图 1-1 ~ 图 1-4 所示。

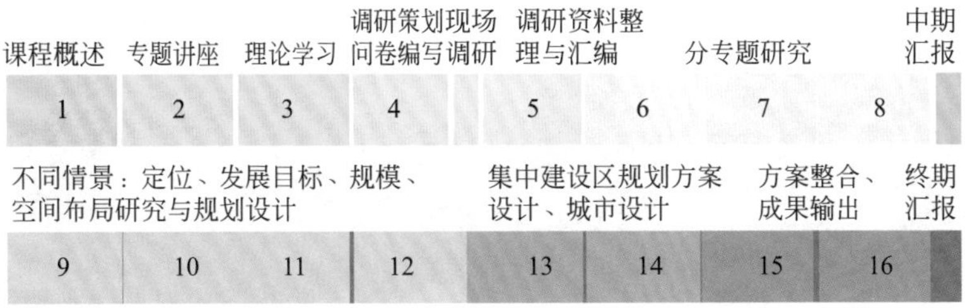

课程概述	专题讲座	理论学习	调研策划现场问卷编写调研	调研资料整理与汇编		分专题研究	中期汇报
1	2	3	4	5	6	7	8

不同情景:定位、发展目标、规模、空间布局研究与规划设计				集中建设区规划方案设计、城市设计		方案整合、成果输出	终期汇报
9	10	11	12	13	14	15	16

图 1-1 "小城镇规划设计 studio"课程组织架构示意

<table>
<tr><td colspan="2"></td><td colspan="4">城乡规划基础平台</td><td colspan="4">城乡规划专业平台</td></tr>
<tr><td colspan="2"></td><td colspan="2">1年级</td><td colspan="2">2年级</td><td colspan="2">3年级</td><td colspan="2">4年级</td></tr>
<tr>
<td rowspan="2">设计系列课程</td><td>调整方案</td>
<td>设计基础 1
建筑与空间类型
城市构成空间单元</td>
<td>设计基础 2
建筑与空间类型
环境应对功能应对</td>
<td>规划基础 1
建筑组群与场地
居住建筑公共建筑</td>
<td>规划基础 2
建筑组群与场地
建筑群落场地设计</td>
<td>规划设计 1/2
住宅设计
（更新+新建）</td>
<td>规划设计 3/4
城市设计
（设计+详规）</td>
<td>规划设计 5/6
空间规划
（城乡+总规）</td>
<td>规划设计 7
毕业设计</td>
</tr>
<tr>
<td>现行方案</td>
<td>建筑设计 1
空间构成空间单元</td>
<td>建筑设计 2
环境应对功能应对</td>
<td>建筑设计 3
别墅设计建筑改造</td>
<td>建筑设计 4
幼儿园建筑系馆</td>
<td>规划设计 1/2
场地设计住宅住区</td>
<td>规划设计 3/4
城市设计
（设计+详规）</td>
<td>规划设计 5/6
小城镇总体规划</td>
<td>规划设计 7
毕业设计</td>
</tr>
<tr>
<td rowspan="5">专业基础课程</td><td>调整方案
历史课程</td>
<td>外古建史
空间基础</td>
<td>中古建史</td>
<td>中国城市史
外国城市史</td>
<td></td>
<td></td>
<td></td>
<td></td>
<td></td>
</tr>
<tr>
<td>专业课程</td>
<td>美术-1</td>
<td>建筑设计原理
城市规划原理
美术-2</td>
<td>场地规划设计
城市社会学
规划经济学
人文地理学</td>
<td></td>
<td>住区规划与设计导论
城市交通与道路
房地产概论</td>
<td>城市设计概论
城乡基础设施
土地开发利用与管理
空间信息技术导论</td>
<td>城市制度与管理
城市文化历史保护
城市生态与环境学</td>
<td>综合论文训练</td>
</tr>
<tr>
<td>技能课程
现行方案</td>
<td>外古建史
美术-1
空间基础
设计基础（1）</td>
<td>中古建史
美术-2
人居基础
设计基础（2）</td>
<td>近现代史
美术-4
建筑概论
人文地理学</td>
<td>建筑原理
CAAD
规划原理
城市社会学</td>
<td>场地规划设计
住区规划与设计
城市交通与道路
中外城市规划史</td>
<td>城市设计概论
城市规划经济学
城乡基础设施
空间信息技术导论
土地开发利用与管理</td>
<td>城市制度与管理
城市文化历史保护
城市生态与环境学
房地产概论</td>
<td>综合论文训练</td>
</tr>
</table>

实践环节：原建造实习 | 美术-3转系补城乡认知外语强化 | 新增 | 空间信息采集传统村镇测绘 | 原测量原美术6 | 城乡社会调查空间信息技术应用 | 新增 | 规划院/规划局实习

图 1-2 清华大学本科生城乡规划学专业"空间—规划"课程设计框架内容和改革

图 1-3 拒马河源头——兴文塔前合影

图 1-4　教学组考察涞源阁院寺

1.2　内容改革

　　自党的十八大以来，我国城市规划的改革日益深化。2017 年以来清华大学的小城镇总体规划教学也体现了这一改革的新要求。其相应的教学探索主要集中在建制镇尺度（2017 年聚焦雄安新区上游的潴龙河流域的石佛镇，2018 年选择了北京永定河流域的周口店镇），并于 2021 年出版了《体国经野：小城镇空间规划》著作。2017 年石佛镇的小城镇规划开始针对传统总体规划的变革趋势，注重生态环境、服务设施布局等"区域公共问题"，注重非建设用地的资源配置利用。2018 年周口店的小城镇规划则做了较大的尝试。一方面，专门针对三区三线、山水林田湖草等"国土空间规划"新框架下的教学进行探索；另一方面，针对"建制镇"的特点，探索了从区域、镇域、重点地区、重点领域等战略规划、总体规划和详细规划乃至城市设计、策划等基于清华大学城市设计特色的训练。通过这些变革，既突出了总体规划向国土空间规划的变革趋势，也突出了清华大学城乡规划专业人才培养的目标——专业帅才的培养。

在 2019 年、2020 年，小城镇规划设计课程在原来建制镇尺度基础上，开始选择将县级行政单元作为 studio 的训练尺度。2019 年，选择的是河北省保定市的涞源县，2020 年选择的是山西省运城市的盐湖区。在这两年的教学中，小城镇规划设计课程也进一步系统化和强化了国土空间规划的若干要旨：规划的规则统治和目标统治的转换；规划的公共部门和公共利用的聚焦；规划的国土空间资源配置优化和政府公共资源配置优化转向。并结合清华大学的规划核心特色，更进一步地突出了人居环境的诗情（文化遗产的保护传承和利用活化）和画意（山水林田湖草的自然生态要素等）、保护与营造。

可以看出，立足于复合型人才培养的目标，清华大学规划系的"国土空间规划"系列设计课创新组织、贯彻了"两肩挑"的教学理念。一方面，设计课强调"规划让空间资源配置更优化"的知识和能力提升；另一方面，设计课强调清华大学建筑学传统的"设计让栖居更诗意"的知识和能力提升。前者在传统总体规划基础上聚焦"理论与模式"（从农业区位论、阿隆索模型等土地经济学模型到中心地理论、中心流理论等空间体系模型，乃至到库兹涅茨周期、三次资本循环、公共品供给中的蒂伯特模型等经济学模型）以及"GIS 空间分析—计量经济—大数据分析"（双评价、产业演化、公共品供给外部性测度、土地减量和流量模拟等）、应对不确定性的"战略留白"和"情景方法"等弹性规划思维；后者除了注重小尺度空间的城市设计、场地设计乃至建筑设计表达外，更注重设计思维在国土空间秩序重塑、国土空间高品质提升等规划编制中的贯彻应用，强调"点线面网络"文化遗产、"山水林田湖草"大地景观与聚落空间构成的和谐统一体，创新探索了"公共经济学"等理念下的区域设计、地方设计、要素设计和过程设计，如图 1-5 所示。

如果说清华大学通过"两肩挑"理念为学生构筑了根基稳固的"青藏高原"知识和能力体系，但同时也重视了"因材施教"理念，发挥不同兴趣和特长的学生积极性，在"青藏高原"点缀了"深邃的海子""无际的荒野"和"高耸的雪峰"。通过靶向"业界专家理论和实务讲座""现场田野踏勘"、个人"专题环节"、集体"空间规划与设计"等环节最终实现了"各美其美"的专长发挥，"美美与共"的统筹综合等教学目标，如图 1-6 所示。

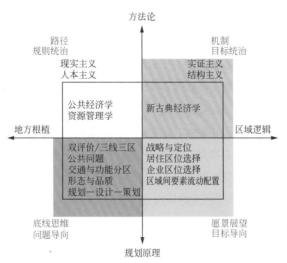

图1-5 基于"空间·规划"的小城镇总体规划框架构建

图1-6 在最终设计成果评图基础上进行了第一届小城镇总体规划设计课改革研讨会

1.3 设计地点选题

　　2017年后,小城镇规划设计课程在选题上也随时做权衡选择。一方面,国家推出了新的规划体系,国土空间规划在组织架构、技术体系、制度环境等方面对小城镇规划设计课的教学带来了新的条件。另一方面,国家在城市和区域发展等方面推出了一系列的国家战略,诸如在京津冀地区的京津冀协同发展和首都功能疏解、雄安新区建设等，诸如长城国家文化公园战略、文化遗产活化战略、乡村振兴、生态文明战略等。

从典型性和特殊性、区域意义和地方特色等出发，2019 年的设计地点选择在涞源县如图 1-7 所示。涞源县总面积 2448 km²，共辖 8 镇（涞源镇、白石山镇、走马驿镇、银坊镇、水堡镇、杨家庄镇、王安镇、南屯镇）、9 乡（烟煤洞乡、乌龙沟乡、塔崖驿乡、东团堡乡、上庄乡、留家庄乡、金家井乡、北石佛乡、南马庄乡）、1 个城区办事处、285 个行政村、1029 个自然村，常住人口 24.8 万人，净流入人口达到 4 万人，人均 GDP 为 2.55 万元，农村人均年收入为 9218 元，城镇居民人均年收入为 27 783 元，产业结构为 11.4：23.6：63.0。

涞源县是华北地区城镇化和人居聚落环境营造的一个典型样本单元。

首先，它位于以首都北京为中心的畿辅地区，具有重要的战略地位。历史上，涞源县曾经是拱卫首都的重要军事屏障；当前则是首都非核心功能疏解的重要承载地，有张石、荣乌、涞曲 3 条高速公路在涞源交会，京原铁路横贯全境，3 条国道（108、112、207）、2 条省道（宝平、保涞）在涞源境内交错分布，形成以高速公路为主轴，以国省干道为主线的交通网络，从涞源出发到达北京、天津、保定、石家庄以及张家口、大同、呼和浩特等大中城市均在 2 小时车程之内。

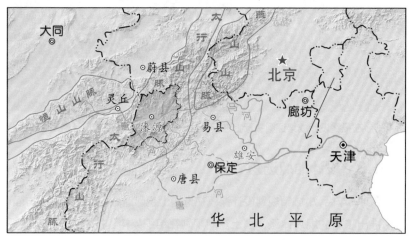

图例	★ 首都	◎ 省级行政中心	◉ 地级行政中心	○ 县级行政中心
	—— 省界	--- 地级界	--- 县级界	⌒ 河流

图 1-7　涞源县的区域位置和自然禀赋

其次，它具有独特的自然生态区位禀赋。涞源县是三山（太行山、恒山和燕山）交会和三水（涞水源、易水源、拒马源）同源之地，位于雄安新区的上游。自然景观资源丰富而独特，主要的有6处（白石山、十瀑峡、仙人峪、空中草原、拒马源头、横岭子）。涞源县城是目前河北省唯一的三大泉群在城市中心常年喷涌的地方，被称为"泉城"，县城内的拒马源被国家城乡与城市建设部批准为"国家城市湿地公园"。涞源的核心景区白石山，是国家5A级旅游景区，拥有全国唯一的大理岩峰林地貌，山岳景观在中国北方绝无仅有，拥有国家地质公园、国家森林公园、国家5A级旅游景区等多项桂冠。涞源夏季气候特别凉爽，暑期平均气温仅有21.7℃，比北戴河海滨低3.8℃，比承德避暑山庄低2.7℃，白石山景区内每立方厘米负氧离子含量达2万个以上，是一座天然的"大氧吧""大空调"，被誉为"京西夏都·生态凉城"。

再次，它具有独特的文化遗产体系。涞源西汉时置县，先后有广昌、广屏、飞狐之称，在独特的畿辅区位条件、独特的自然地理条件下，涞源县在陉口文化、军事文化、宗教文化、山水文化等方面特色高度突出，更是长城国家文化公园的重要组成部分。境内有唐代兴文塔、辽代阁院寺、明代乌龙沟长城3处国家级重点文物保护单位，有明代长城、南屯仰韶文化遗址、甲村商代遗址、黄土岭战役旧址4处省级重点文物保护单位，县级文物保护单位20处，有宋辽交兵古战场遗址，还有义和团最后一支力量"红灯照"活动过的云盘古洞遗迹，是保定市文物大县。涞源县主要的人文景观有9处（阁院寺、兴文塔、王二小故居、王二小纪念馆、黄土岭战地遗址、东团堡烈士陵园、白求恩战地手术室、驿马岭阻击战旧址、乌龙沟长城等）。

最后，它是城市发展转型的一个重要样本。一方面，涞源县是环北京贫困带的重要区县（既是革命老区，又是国家扶贫开发工作三合一重点县，即国家新十年扶贫开发、太行山—燕山连片特困地区、全省环首都扶贫攻坚示范区），城镇化和经济发展水平较低，是煤炭等资源枯竭型转型的典型城市。另一方面，在"绿水青山就是金山银山""让文化遗产活起来"等战略下，最近十几年兴起的旅游业主导的转型发展可谓举世瞩目：北京冬奥会相关的工程、白石山旅游等。目前涞源是河北省19个环京津休闲旅游产业带、7大休闲旅游聚集区重点县之一，也是河北省国家全域旅游示范县、河

北省京西百渡休闲旅游度假
区重点县，以及保定市确定
的 5 大上档升级景区之一。

总之，涞源县是一个
完整的人居体系和单元。在
涞源，不仅具有丰富的山水
林田湖等资源，成为这一完
整人居单元的重要因素和载
体；在涞源，还具有稀缺而
独特的军事、宗教信仰、人
类文明发展及人居聚落景观
等遗产资源。这些自然和文
化遗产等资源特质使涞源县

图 1-8　涞源县教学点有重要的自然与人文资源

镇乡村的聚落体系完整而又多样。在京津冀协同的战略推动下，自然和人
文禀赋突出的优势更使得这一人居体系得以迅速地转型变迁，如图 1-8 ～
图 1-21 所示。

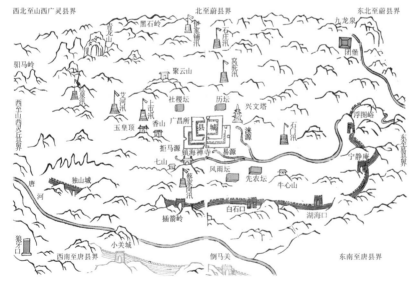

图 1-9　"所汛"及"城关"等构成了独特的军事防御体系

图1-10　太行之首　白石山远眺

图1-11　涞源长城堡垒体系

图 1-12　恬淡的乡村景观

图 1-13　涞源的乡村和民居具有多元地域交融特色

图 1-14　拒马河公园中的红色记忆——王二小雕像

图 1-15　国家级文物保护单位：辽代木构建筑阁院寺

图 1-16 夜间的兴文塔和泰山宫

图 1-17 阁院寺的辽代大钟

图 1-18 采掘业对生态环境的威胁仍然较大

图 1-19　传统的采掘业城镇迅速衰竭

图 1-20　滑雪等旅游休闲项目发展迅速

图 1-21　美化和公共设施导向的土地开发极大地推动了涞源的发展模式转型

第 2 章 目标统治与规则统治作为城市规划的两个元理论

中国城市规划领域正在进行一场迅疾的公共政策转向变革，中国的新城市规划学（New-Urban Planning of China）呼之欲出甚至已经浮出水面。在中央 - 地方关系、政府 - 市场关系发生深刻变化的国家战略安排下，这场城市规划变革虽然还需要一段很长的成型成熟期，但毫无悬念的是：一方面，历史文化遗产、山水林田湖草等公共品属性和正外部性效应极强的空间要素以及环境污染、风险灾难等负外部性效应极强的人地关系事件已经成为城市规划和政府积极作为的核心范畴；另一方面，党的十八大以来，市场成为资源配置的决定性因素理念被确立后，作为一种重要的政府干预的行为，城市规划自然而然也就更加注重解决市场失灵等方面的角色发挥和转向。与此同时，传统城市规划虽然在"守门人角色"方面没有很好的表现，但在土地和公共设施等资源配置领域、在人居环境营造等方面都具有不可替代的技术优势。因此当前，在转折期，在城市规划走向"国土空间规划"情境下，一方面要不断强化"资源配置的市场决定性"的理念，不断树立规划作为市场失灵、公共品配置和外部性解决的重要工具的理念，树立风险（生态风险、债务风险、社会风险等）意识；另一方面，要继续发挥传统城市规划在空间布局、城市设计、画意栖居营造等方面的专业特长。

为提升对城市规划的认知，很多学者一直在孜孜不倦地探索其"元理论"基础，而未得。直到后来，经济学的发展和假说，才推动了对城市规划的本质的洞悉。在当前城市规划的变革之际，对其探索会更有意义，对其变革的动力、机制和趋向会有更好的理解和洞察。

长期以来，传统的"空间规划"领域存在诸多问题。其一，由于我国所处的发展阶段和发展水平等原因，空间规划的编制和实施往往更多是以"目标统治"理念为主导，相对而言，缺乏规则建立和规则统筹。其二，由于计划经济的思维，空间规划虽然在不断进行规划批判和反思乃至创新改革，但城市规划往往存在市场需求和规划供给不对位等问题。规划相对于终极目标蓝图导向，缺乏弹性和留白机制，其规划效力在内容繁多综合的冲击下，缺乏对"战略问题""短板问题"的认知和贯彻，以至于在多元的市场主体、不确定性的市场环境变化中，不仅失去了规划公共政策的属性意义，而且也失去了诗意栖居营造的建筑—规划—景观等核心技术用途发挥。其三，在以经济建设为主导的发展阶段，传统上我国的"空间规划"往往更多是"发展经济学""产业经济学""土地经济学"等经济方法论下的指导，对"公共部门经济学""（新）制度经济学"和"福利经济学"等认知不够，因此，出现了大气、水体等公共池塘资源的污染和破坏，出现了资源利用的高投入低产出甚至是配置错位、文化遗产破坏等问题，甚至出现了众多的风险问题（除了生态风险外，还有财政风险等）。其四，各类规则之间存在众多的冗余、差异、紊乱甚至是冲突。传统空间规划领域部门多而交叉，每一类设计国土空间的规划都会衍生出自己的空间规则。在各部门内，其规则可能是科学而合理的，但是多类空间规则在统一国土空间上叠加后就会出现很多问题，以至于空间规则存在纵向传导不利、横向衔接不畅的问题。

在社会主义市场经济体制的优势条件下，发挥"顶层设计"（目标导向）、"底线思维"（规则导向）的互动和各自的长处，成为当前国土空间规划角色和作用检验的一项重要的标准。

2.1 哈耶克"目标统治"和"规则统治"学说的提出

在《致命的自负》一书里，诺贝尔经济学奖获得者哈耶克新创了两个词——"目标统治"（teleocracy）和"规则统治"（nomocracy）。根据哈耶克的解释，"目标统治"可定义为：所要达到的已知的特定结果的总和。哈耶克认为，这基本上是个人、团体和企业的事。作为"目标的统治"，其共同之处是有一个或一组具体的"已知的特定结果"，大家齐心协力，调动积极要素来实现这些"目标"。在国内外的城市规划中，过去终极蓝图式的规划和长期愿景在很多方面是在目标统治的理念下形成和实施的。与目标统治相对应的是"规则统治"，哈耶克解释道：这是一种不指向任何特定目标的抽象的秩序。对于政府管理社会经济生活来说，基本的要求就是实行规则统治，也就是说，它是政府管理经济与社会生活的一种原则。哈耶克说的"规则统治"，不仅没有什么"目标"，甚至似乎连个"方向"也没有。按哈耶克的说法，规则统治是政府管理经济与社会的原则，如表2-1所示。

表2-1　目标统治和规则统治的对比

对比项	目标统治	规则统治
前提	人对未来的自信掌控	后现代社会复杂性巨大；认为复杂系统具有自组织能力
概念	人为给予秩序；设定特定目标；给予具有指向性的指示；落实指示	提供普适性规则框架；激发自发秩序
方向	过于确定；自上而下	不确定性太大；自下而上
辩证性	通过公众参与，也可以实现民主	规则的制定也可能是局限在某些有限的群体手中

2.2　目标统治和规则统治被视为城市规划的两个并列元理论

Alexander, Mazza 和 Moroni（2012）曾经认为目标统治和规则统治是城市规划的两个并列元理论，可见其对国际城市规划范式认知的重要意义。

社会如何就活动在相关地域的空间分配进行规则化，或者简言之，需要何种程度的规划、什么类型的规划？这个问题由来已久。在过去的几个世纪里，哲学家、政治社会主义家和经济学家一直在研究这个。在这里城市规划被视为不同于市场机制，作为社会秩序化方式的另外一种。关于这方面的争辩有很久的历史：起始于第二次世界大战时期的极权政府的崛起，一直到冷战时期，尤其是西方资本主义和民主与苏联共产主义之间的对抗。苏联共产主义的代表是 Mnnheim（1940），他主张通过规划来减缓资本主义的罪恶；西方资本主义的代表则是哈耶克，他在 1988 年倡导通过市场来解决社会问题。在"病态化"的 20 世纪 60 年代，随着意识形态对立的下降，Dahrendorff（1968）综合了规划市场的优缺点，并指出两者同时需要。当然，这方面的辩论持续到了今天，虽然规划和市场二元法的现实主义和当前的关系已经被怀疑化。在规划界，Webster and Lai（2003）将这种二元对立性修正到是规则的若干方式表现，包括市场的自组织秩序等。最近，Moroni (2007, 2010) 重新审视了这种辩论，如图 2-1 所示。

图 2-1　中外不同国家和地区、城市的规划演变：目标统治和规则统治的视角

就 Moroni 看来，目标统治是传统理性规划的重要元理论（meta-theory）（rationale for traditional planning）。其基本假设是制定规则的需要和可能性，社会需要刻意设置的规则——其对立面是无政府状态或混沌（anarchy or chaos）。通过规划，运用科学和知识，使规则成为可能。目标统治的规则是通过特定的、直接的执行和指导来实现特定的目标，如果这些特定的行动日益复杂，通常需要系统要素活动的最终协同。在规则统治下使用相应的工具，传达方向或者命令的合适载体是规划和政策：为特定程序或者项目而形成的战略性协同框架。

规则统治则被视为另外一种元理论，因为很多关于目标统治的批判是对后现代社会挑战的不充分应对弱点。多元复杂性、加速的变化、更显著的不确定性对有限的人类知识、目标统治都提出了苛刻的要求。传统的直接规划无法应对城市或者都市区等复杂体系，这些体系倒不如被视为自组织的自然规则体 (Portugali, 2000; Moroni, 2007, 2010)。

自组织系统概念的前提是复杂性，规则统治仅仅被用来限定已经存在的自发型规则。规则统治对具体的指令协调（specific directive coordination）较为克制，但倾向于运用一般的关系规则和规范（general relational rules and norms）。用来规制个体决策或者直接社会性行动的规划被禁止，国家规划往往被局限在公共部门领域，如基础设施和公共服务设施等。规则统治的相关工具尽可能地放之四海而皆准，倾向禁止性的思路而不是直接指导性思路（prohibitive vs directive），包括法律、规范、标准和法典等（laws, regulations, standards and codes）。

实际上，在过去 40 年中，人类知识的局限性贯穿整个城市规划理论并成为核心关注点，（Friedmann, 1978, 1987; Ferraro 1996; Sager, 2002; Gunder and Hillier, 2009）。而当前的讨论热点强调总体上的知识社会建构性和特定层面的规划知识（Alexander, 2005; Ozawa and Selzer, 1999; Y. Rydin, 2007）、强调知识在复杂性问题的运用（Batty, 2005; Healey, 2007; Rydin, 2007）、强调人类知识和理解的局限性。最后一个成为后现代城市规划理论（Gunder & Hillier, 2009; Hillier, 2008）的重要假设前提是在个体自由价值的背后，人类知识的局限性是促使规则统治作为社会秩序化系统取代目标统治的重要因素。在此规则统治被视为是激进 - 根本的方案，而目标统治则是传统的专断务实答案。

2.3 各美其美、美美与共：目标统治和规则统治与国土空间规划

关于规则统治，一方面，倡导者认为其可以局限集中制审议和干预，促进规则统治走向一般性关系规范主导形成的高效率；另一方面，通过最大化个体行动自由可促进更高程度的民主。相反的，"自上而下"的目标统治被进一步地污化，充其量是技术专家，甚至差到是专制。但是这些主张都让人生疑：有时候规则统治可能更加的权威主义，而目标统治则可能有时候更偏向民主。例如，沟通式实践（communicative practice）或者协同规划（collaborative planning）本质上属于目标统治，但它们的确能够促进规划过程中的民主参与程度。直到最后，解放的自由个体和真正的民主之间的关系被持续辩论。争论的焦点是过程和结果（process and outcomes）之间的相互依赖，这种相互依赖成为不同意识形态的基础。对于自由论者而言，过程相关的个体解放被视为最高价值，但是对于进步的结果关联的公平被认为更加重要（progressives outcome-related equity is more important）。对此，用一句法国的谚语来形容就十分贴切，"我们支持所有的个体自由，包括你在桥下忍饥受饿的权利"。

哈耶克曾经把"计划经济"和"市场经济"分别称为"目标统治"和"规则统治"[1]，的确很大程度上，我们在计划经济时代，城市规划则是为了实现某一特定目标而制定的（譬如 5 年计划目标等），各级政府通过计划指令的方式来集中积极力量实现这种目标，这在经济基础薄弱、资源有限的时代，为国家经济社会发展做出了重大的贡献。后来，随着经济发展水平的逐步提高，纯粹计划经济和高度目标统治的弱点开始暴露了出来，1990 年以来，市场经济开始在我国不断发展，一直到现在。我们的国家是一个具有中国特色的社会主义市场经济体制的国家，中国共产党十八届三中全会公报中的"经济体制改革是全面深化改革的重点，核心问题是处理好政府和市场的关系，使市场在资源配置中起决定性作用和更好发挥政府作用"以及"正确地处理好政府和市场的关系，市场经济也是法治经济，我们要努力做到让市场主体'法无禁止即可为'，让政府部门'法无授权不可为'"等无不反映了这种社会主义市场经济的特色。如果从规则统治和目标统治的角度来看，我国的社会主义市场经济就是兼顾了这两种元理论的长处，可谓各美其美、美美与共。

实际上，国际上关于目标统治和规则统治的优劣之处也越来越有共识，虽然全球化和市场化不断发展的今天，规则统治发挥了非常主导的作用，但其也有很多不足。其中最主要的是规则统治过于强调框架的普适性（规则统治方法设想的是一个人人遵守基本的关系，规则就会出现的良好城市情况，这时的规划框架必须被大多数人采用，且约束大多数人的外部性，在复杂条件下规则制定存在难度）、自发秩序的效率。根据科斯定理，在不完美市场条件下，通过规则统治形成自发秩序是需要过程成本的，过程效率较低，资源配置不一定能达到最优。目标统治虽然在特定时期、特定领域、特定区域发挥了规则统治无法发挥的长处，但其弊端也是显而易见的。譬如，目标统治明显地低估了社会现实的多元性（强加一些对他人有利的实质性观念，直接侵犯公民选择自己的生活方式的自由）；低估了对复杂社会空间系统的结构性无知（不可能收集和处理完全实施正统土地利用计划所需的

---

① 纪坡民 . 康德"道德哲学"解读 . 文景，2010 年 11 月号。

城市活动数据、不可能提供对城市未来发展的具体预测）。

对于目标统治这种治国的理念，我国现在不会、可能在将来很长时间里也不会完全否定与放弃这种"目标的统治"，其原因可能是因为我们相信：为了加快经济发展，对人民在精神上进行激励，仍然是很重要的因素。而且在很多方面，我们不得不坚持目标统治的理念，如当前发展范式的转型下，美丽中国、绿水青山和生态文明以及科技创新、国家安全等都是如此的。虽然我们在改革开放后，国家的整体水平有了质的飞跃，但与欧美等发达国家相比，我国在科技、创新等方面还很落后。从避免中等收入陷阱这个方面来看，中国最大的优势是规模经济，而且社会主义市场经济体制可以集中发挥目标统治和规则统治的优势，从而带动创新来走出陷阱，如表 2-2 所示。

表 2-2 规则统治与目标统治在不同区域不同发展阶段的适应性比较

相对落后地区或者快速发展阶段	相对发达地区或者稳步发展阶段
✓　经济发展水平相对落后	✓　经济发展水平高
✓　城镇化水平较低	✓　城镇建设达到存量建设阶段
✓　累计积累较弱	✓　发展动力较为稳定成熟
✓　发展动力不足	✓　资本和财富积累雄厚
✓　……	✓　……
目标统治的必要性	规则统治的适应性

"一个城市首先看规划，规划科学是最大的效益，规划失误是最大的浪费，规划折腾是最大的忌讳"。一定意义上，规划不仅仅是发展的龙头，在当前更是政府履行职能的重要手段，是科学决策、持续发展的保障，是规避决策风险的重要方式。

虽然规划在我国的城市和区域发展乃至经济社会发展中起到了极大的作用，但传统的城市规划在缺乏底线思维等规则统治工具体系下，问题和决策失误等屡见不鲜，尤其在 1990 年以后的市场化改革和 2000 年以后的全球化中，更是如此。有人认为，传统城市规划的问题存在主要是因为：长官意志导致的"政绩规划"、利益驱动导致的"商人规划"、盲目崇洋导致的"过度规划"和缺乏法制意识导致的"随意规划"。尤其是"随意规划"造成了太多的规划谬误和资源配置的浪费。由于缺乏法制保障和规则约束，规划变动的随意性太大，一任领导一个规划。段进院士曾经指出："国外很多城市的发展规划数百年没有大的改变，这一方面是因为当初的规划设计科学，另一方面也是更重要的，即执行严格，保障了规划的严肃性。比如美国的华盛顿，200多年都没有大变动，一直按照城市的中轴线在发展，荷兰阿姆斯特丹等城市也是这样。这些城市给人的感觉很协调，古老与现代巧妙融合，层次分明。而国内不少地方，头痛医头，脚痛医脚，像交通拥挤，今天建高架桥，明天改地下隧道，重复建设，劳民伤财。"

2.4　县市国土空间规划角色、任务和方法

2.4.1　县市国土空间规划角色和任务认知

对县级城市国土空间规划的任务认知需要至少两个维度加以关注：一个是在"五级三类国土空间规划体系"架构中进行认知；另一个是需要对县级城市在国家治理体系中的重要角色来认知。

在"国家级、省级、市级、县级、乡镇级"五级国土空间规划中，县级城市的规划主要是面向实施操作方面，其重要任务是对上级规划要求进行细化和落实，当然也需要传达到乡镇层次。县级空间单元是"三类"空间规划的主战场，其总体规划对专项规划具有指导和约束作用，也是详细规划编制的重要依据。因此，县级国土空间规划是国家空间战略部署，升级政府定则、定量、定策管理目标，实际空间规划底线管控和指标管控措施的重要空间落实载体。在这个意义上讲，县级空间规划编制应该更多体现定量、定形、定界、定指标，并提出其管控和指标传导模式。

当前，在生态文明和乡村振兴的国家战略下，县级城市是重要的治理单元，在国土空间规划中，尤其要加以重视。另外，从大、中、小城市的专门化分工来看，县级城市是一个非常容易在规划编制中出现重大偏差的尺度。一般来讲，从"城市化经济"和"地方化经济"来看，县级城市应该更多地注重专门化的产业发展，在当前，应该更加注重县城为载体的城镇化集聚和紧凑发展，而县级城市所辖的乡镇则主要是面向基本公共服务设施均等化的规划应对。

从实施性和操作性的角度来看，县级城市国土空间规划需要重点关注以下两方面的任务：

（1）土地资源配置优化和错配纠正、土地空间资源配置中的"外部性"

问题。

（2）面向生态文明和乡村振兴任务的诗情画意人居环境营造。

其中"山水林田湖草"等自然生态条件的保护、修复、合理利用能为人居的高质量发展提供"画意"条件，发挥乡村的"舒适性"比较优势，并使绿山青山转化为金山银山；而"文化遗产保护传承和利用"、风貌管控等则为"乡愁"、乡村振兴提供了"灵魂性"诗情人居的重要保障（见图2-2～图2-7）。

具体来讲，县级国土空间规划应该在操作性等方面更多地注重以下几方面内容：

（1）城、镇、村体系，村庄类型和村庄布点原则，即划分国土空间用途分区，确定开发边界内集中建设地区的功能布局，明确集中建设区主要发展方向、空间形态和用地结构。

（2）明确县域、镇、村体系，综合交通，基础设施，公共服务设施及综合防灾体系。

（3）以县级城镇开发边界为限，形成县级集建区与非集建区，分别构建"指标＋控制线＋分区"的管控体系，县级集建区重点突出土地开发模

图2-2　大自然之壮美成就了涞源的画意人居骨架

图 2-3 飞狐陉

图 2-4 蒲阴陉

图 2-5　乌龙沟长城等文化遗产之独特塑造了涞源的诗情人居意境

图 2-6　涞源的田园牧歌风貌

图 2-7　独特区位和自然条件下的乡村人居景观别具一格

式引导。

（4）明确国土空间生态修复目标、任务和重点区域，安排国土综合整治和生态保护修复重点工程的规模、布局和时序。

（5）划定乡村发展和振兴的重点区域，提出优化乡村居民点空间布局的方案，提出激活乡村发展活力和推进乡村振兴的路径策略。

（6）根据需要和可能，因地制宜划定国土空间规划单元，明确单元规划编制指引。

2.4.2　基于"目标统治与规则统治"视角的县市国土空间规划 编制方法

城市规划职能从传统的住建领域转向现在的自然资源管理领域，很重要的一点就是贯彻和落实了中共十八大以来，县市国土空间规划在市场发挥资源配置根本性和决定性角色、政府解决市场失灵理念的一个重要体现，也就是说，传统的城市规划更加强调的是"目标统治"的理论指导和特色，而当前"五级三类"的空间规划体系则明显加强了"规则统治"的力度，包括底线思维、生态文明理念、传导机制、指标管控等。

但是，在当前我国县市国土空间规划依然要高度重视目标导向的重要和积极意义，甚至是不可或缺的作用。其原因有很多，一方面，县市城市发展过程中的市场机制还不是很健全，需要规划"蓝图"对资源进行有效配置，促进社会共识达成；另一方面，农村城镇化进程仍然规模大、速度快，与就地城镇化相比较而言，以县城为重要载体的就近城镇化在资源环境生态问题的效应更加积极，优质公共资源的相对集中配置是当前发展阶段的重要手段。

因此，在县市国土空间规划中，规则性的不断强化和熟悉掌握是studio 设计的一个重要的教学目标和内容，但无论如何，传统城市规划在建成环境营造、人居科学方面仍然发挥着不可忽视的作用，这些规划表现在高度发达和高度城市化的国家和地区，其城市设计和建筑设计仍然是城市发展中的积极意义便是一个很好的反映。

基于"规则统治"和"目标统治"各美其美、美美与共的理念，县级国土空间规划的方法需要新的理论和原理架构，如图 2-8 所示。

一方面，公共部门经济学的相关方法应该得以高度的 studio 设计的关

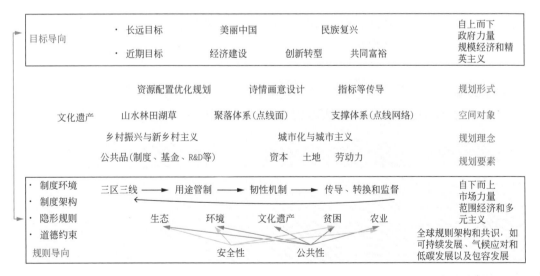

图 2-8 基于"规则统治"与"目标统治"理念的国土空间规划内容和方法框架

注。公共部门经济学中关于政府失灵、市场失灵，以及关于公共品、外部性等诊断城市的理论和方法工具都可以深刻和有效地指导当前国土空间规划的编制和实施。另一方面，制度经济学和法律学等相关学科应该在规划教育和 studio 中得以理念引介，包括产权、博弈论等。

具体来讲，基于目标统治的视角，设计 studio 应该重视如下几方面的相关方法：

（1）对土地资源配置和聚落人居发展的规律的洞察和深刻理解、严格遵循；灵活运用城市与区域经济学、城市地理学等相关理论和原理。

（2）在大区域尺度、大时间跨度，在更高的人居和资源配置标准下，重视长远规划愿景和战略定位、目标设置的相关研究，强调"最优解"。

（3）战略判断当前城市和地区发展中的"关键"和"真"问题，并且在规划中能够以"问题解决"为出发点，以"愿景和目标实现"为目标，形成不同范式指导下的路径选择、比较和确定。

（4）重视科学技术理论与工具支撑下的设计和工程措施应用。

而基于规则统治的视角，设计 studio 应该重视以下几点：

（1）熟悉和掌握"顶层设计"、上位和相关规划在各类指标、各类负面清单等方面的传导信息和相关机制。

（2）贯彻公共品和外部性理念，高度加强对山水林田湖草、文化遗产、风险灾害、安全、大气水体污染等公共部门领域的要素关注和空间效应；强调科教文卫体等公共资源的配置。

（3）重视近期在有限目标、既定条件下的各个利益相关者或者行动者的沟通和互动。

（4）文化遗产和自然地理在诗意栖居营造中的基础作用。

第3章 涞源县国土空间规划专题探索

　　鉴于涞源当前发展面临的问题、区域背景、资源禀赋等条件，前8周在专题方面设置了"双评价""人，城市主义与公共品""文化遗产""景观风貌""经济与产业""空间与土地利用"等。其中，前4个专题强调了城市规划向国土空间规划"规则统治"范式转型，后面的专题则突出了一定的目标统治。当然，实际上在每个专题中，也都兼顾了美美与共的理念。譬如在双评价中，不仅关注了地方的山水林田湖草等资源和环境评价，而且更加关注将其放在京津冀协同、首善之区的首都地区重塑目标下予以展开的（见图3-1～图3-5）。

图3-1　涞源的山：世界地质公园白石山是太行之首

图 3-2　涞源的水和湖：拒马河涞源湖

图 3-3　涞源的森林：涞源森林兼具生态和景观价值

图 3-4　涞源的草地：空中草原的中国"雪绒花"

图 3-5　涞源的田：古城边拒马河畔的蔬菜种植

3.1 底线摸底和划定专题：双评价与全要素分析

古希腊悲剧大师埃斯库罗斯说："非但不能强制自然，还要顺从自然。"中国古代的道家学派也持与此相近的观点，荀子却独树一帜，自信地宣布："人定胜天。"到了近代，西哲黑格尔说："当人类欢呼对自然的胜利之时，也就是自然对人类惩罚的开始。"恩格斯更明确地指出："我们不要过分陶醉于我们对自然界的胜利。对于每一次这样的胜利，自然界都报复了我们。"

2019 年的 studio 教学中，国土空间规划在我国的双评价还是一个探索初期。在这种背景下，对双评价探索的重要目的是"底线思维"和"规则建立"的关键意图，具体的探索内容归纳如图 3-6 所示。

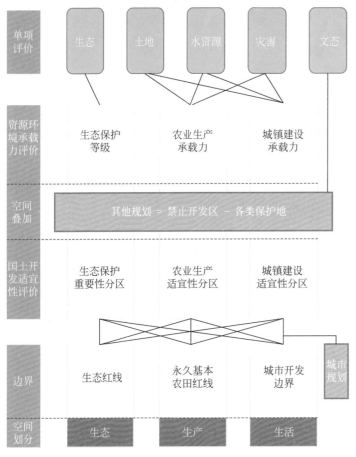

图 3-6 2019 年涞源县国土空间规划中的双评价技术路线框架

推进人与自然和谐共生是一项复杂的系统工程。当人与自然和谐相处，人类自觉保护生态环境，能动地适应、有效地利用、合理地改造时，得到的往往是大自然的加倍回报和恩惠；当人们破坏性、盲目性、掠夺性地向自然索取资源时，得到的往往是无情的惩罚和报应。习近平总书记指出："山水林田湖是一个生命共同体，人的命脉在田，田的命脉在水，水的命脉在山，山的命脉在土，土的命脉在树。用途管制和生态修复必须遵循自然规律，如果种树的只管种树、治水的只管治水、护田的单纯护田，很容易顾此失彼，最终造成生态的系统性破坏。由一个部门负责领土范围内所有国土空间用途管制职责，对山水林田湖进行统一保护、统一修复是十分必要的。"①

涞源是沿海湿地体系向内陆过渡的一部分，因此，其底线管控应该进一步拓展到生命共同体的构建。涞源县境内共有植物101科356属696种，受国家重点保护的植物有13种，其中木本植物有核桃楸、刺五加、黄檗3种。野生动物有60多种，其中有国家一级保护动物金钱豹；鸟类有30多种，其中有国家一级保护珍禽褐马鸡1500多只。野生动物的种类和数量变化已经成为生态环境质量的重要评价标准，在一定程度上反映了环境质量的优劣。我国有19个经EAAFP认证的自然保护区，为境内多条候鸟迁徙路径提供保障。其中，涞源的拒马河湿地的建立拓宽了候鸟的栖息地、停留地。

在五级三类规划体系中，区县级"双评价"在遵循既有规范的基础上，一方面要"承上"，承接市级"双评价"关于资源底线约束的评价结果；另一方面要"启下"，体现区县特征与发展动能，通过"指导加精、数据加深、要素加细、预判加权"4个方面进行细化补充评价，为全域空间规划提供"棋盘定位"。因此，就涞源来讲，其双评价有一般县市双评价的要求和特点，但同时，由于其位居京津冀地区和雄安新区上游，其双评价还需要着眼区域的整体规则架构来认知。具体来讲，涞源的双评价需要关注以下几点：

（1）厘清涞源县的生态自然条件有什么，不足在哪里、优势在哪里。

（2）摸清自然资源和生态底线在哪里，并充分认知涞源生态在区域（尤其是京津冀地区）的使命和定位。

（3）厘清生态和资源短板如何弥补，价值如何体现，未来如何发展。

---

① 习近平总书记《关于〈中共中央关于全面深化改革若干重大问题的决定〉的说明》，2013年11月。

涞源处于山地平原交会地带，拥有多样的生态系统。涞源所在山地平原交会地带的山脉集中于西北部，以东北西南的走势为主，是重要的生物廊道，也是生物繁衍的重要栖息地；河流自西北流向东南，在东南地区以湿地为主要生态系统，水资源相对优质而丰富；地形西北高、东南低，生态系统垂直梯度明显；涞源县城处于生态网络的结合部，连接山水，接壤平原与山地，是生态的战略要地，如图 3-7 所示。

图例　★ 首都　◉ 省级行政中心　◎ 地级行政中心　⊙ 县级行政中心　省级界　地级界　县级界　河流

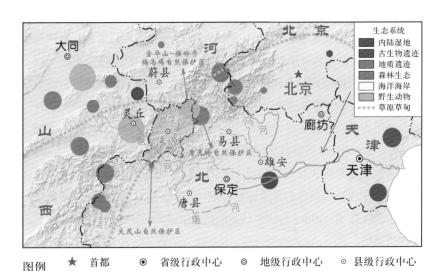

图 3-7　涞源与周边区域的自然保护区和廊道网络关系

3.1.1　单项评价

在山水的关键要素条件下，分别对涞源的关键要素进行评价分析，如图 3-8 所示。

山	三山交会	修复扩展生物廊道	延伸国家森林步道
水	三水同源	提高湿地生态功能	京津冀地区水体养护
文	长城防卫	保护文物古迹原始状态	提升旅游文化价值

图 3-8　山水文视角下的涞源生态分析

生态评价。涞源地处山区，具有极佳的生态资源，这些生态资源也为该区域提供了优质的水资源、生物繁衍的栖息地、多样的生态系统；同时，涞源常年的矿产开采和较大的地形坡度，要求在评价生态敏感性时予以考虑。其中，位于东北部的横岭子国家公益自然保护区面积约 80 km²，区内复杂的地质构造成就了千姿百态的地貌景观，茂密的天然次生林、山桃、山杏、丁香、照山白、胡枝子、蓝刺头、五角枫、六道木、褐马鸡、金钱豹、狍子、獾子等珍稀的动植物群落，如图 3-9 所示。

土地资源评价。涞源地处褐土类与栗钙土类过渡带，有亚高山草甸土、棕壤、褐土、草甸土、栗钙土等 5 种土类，随海拔高度不同呈有规律的垂直分布。由于建设和耕作对土地的需求不同，在这一项的评价中分耕

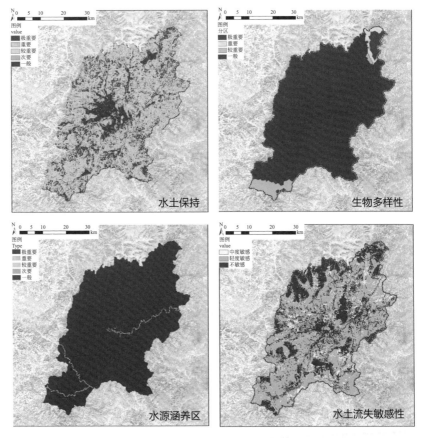

图 3-9 单项因素-生态条件分析

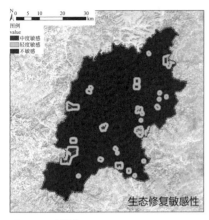

生态功能重要性		
	面积 /km²	比例 /%
极重要区域	415.63	17.14
重要区域	727.42	30.00
较重要区域	705.34	29.09
次要区域	330.38	13.63
一般区域	245.93	10.14

生态敏感性		
	面积 /km²	比例 /%
极敏感区域	36.18	1.49
高度敏感区域	0.00	0.00
中度敏感区域	374.04	15.41
轻度敏感区域	1312.28	54.06
不敏感区域	704.73	29.03

生态修复敏感性

图 3-9 （续）

作条件和建设条件两方面评估；同时，对坡度的取值做出调整，参照《中华人民共和国水土保持法》和《城市竖向设计规范》划分新的等级，如图 3-10 所示。

水资源评价。涞源县属温带半湿润季风气候区，季风气候显著。涞源县整体年平均降雨量近 600 mm，各区域均衡，因而主要考虑拒马河和唐河流域的水资源总量较山区佳。泉域总面积 1062 km²，已查明山泉 102 处，多年平均径流 138 万 m³，平均每平方千米产水量 13.82 万 m³。河流，境内 3 条主要河流，全长 123.45 km，径流总量 3.3849 亿 m³。拒马河发源于县城，全长 45.65 km，流经 6 个乡镇，多年平均流量 5.9 m³/s，出境水量 1.6 亿 m³。乌龙河属拒马河支流，发源于东团堡北李家庄，全长 43.8 km，流经 3 个乡镇，多年平均流量 0.64 m³/s。唐河发源于山西省浑源县，境内流长 34 km，流经 2 个乡镇，多年平均流量 5.93 m³/s，平均入境水量 1.54 亿 m³，出境水量 1.86 亿 m³。

灾害。涞源易受干扰而退化，生态环境脆弱，地形起伏度大。"春旱夏雹秋早霜，一年一茬靠天收"，平均海拔 1000 m，无霜期短，仅 120 天。自然灾害多，抗风险能力弱。洪灾、山体塌方等自然灾害隐患较多。而且村镇都沿河建设，历史上有记录的泥石流平均每 10 年发生一次，严重影响正常的社会经济活动，如图 3-11 所示。

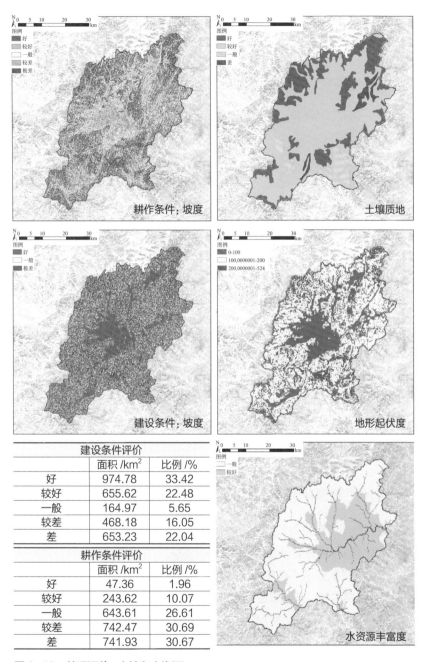

建设条件评价		
	面积 /km²	比例 /%
好	974.78	33.42
较好	655.62	22.48
一般	164.97	5.65
较差	468.18	16.05
差	653.23	22.04
耕作条件评价		
	面积 /km²	比例 /%
好	47.36	1.96
较好	243.62	10.07
一般	643.61	26.61
较差	742.47	30.69
差	741.93	30.67

图 3-10　单项评价：土地和水资源

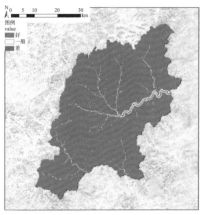
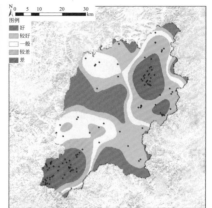
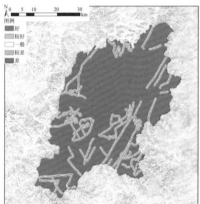

气象灾害		
	面积 /km²	比例 /%
好	2331.19	95.88
一般	71.62	2.94
差	28.61	1.18

地质灾害		
	面积 /km²	比例 /%
好	391.40	16.18
较好	504.14	20.84
一般	513.84	21.25
较差	524.74	21.70
差	484.54	20.03

图 3-11 单项评价：灾害

3.1.2 资源环境承载力评价

生态空间主要是划分生态保护等级，其依据是"生态保护等级 =[生态功能重要性；生态敏感性]"；农业生产空间方面，主要进行生产力和承载力评价，其依据是"农业生产承载力 = [农业功能指向的土地资源；水资源；气象灾害]"；在城镇空间方面进行城镇建设承载力评价，其依据是"城镇建设承载力 = [城镇功能指向的土地资源；水资源；地质灾害]"，如图 3-12 所示。

生态保护等级

农业生产承载力

城镇建设承载力

农业生产承载力		
	面积 /km²	比例 /%
好	121.69	5.03
较好	344.68	14.25
一般	651.61	26.95
较差	715.98	29.61
差	584.28	24.16
城镇建设承载力		
	面积 /km²	比例 /%
好	341.40	14.12
较好	345.10	14.27
一般	293.58	12.14
较差	356.63	14.75
差	1081.18	44.72

图 3-12　生态农业和城镇资源环境承载力评价

3.1.3　国土开发适宜性评价

生态方面，规划生态保护红线只增不减，并且保护潜在文态空间。农业生产方面，永久基本农田总量不变，潜在文态空间逐步退耕。城镇建设方面，城镇建设承载力高之外的村庄逐步搬移至城区，可达性低的地区承载力降级，在之前的承载力评价中已经可以看到，涞源盆地中心的各项条件明显偏好，在之前的规划中也有提出，希望向中心发展，空心村、空心镇搬移至城区，因而在适宜性评价中考虑到中心城区的可达性，如图 3-13 所示。

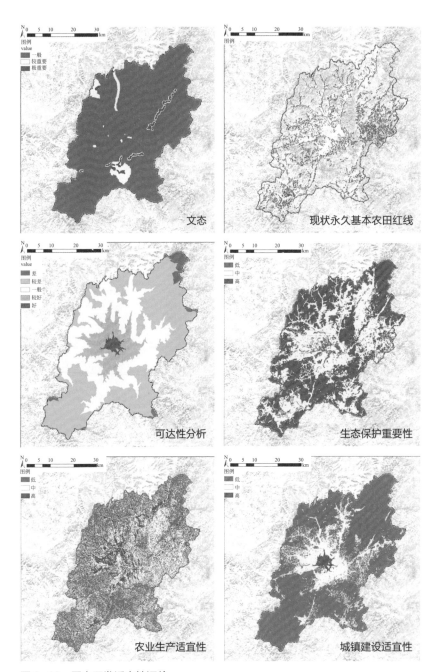

图 3-13　国土开发适宜性评价

在此基础上，结合已批复的开发区涞源新城等规划图，形成涞源县国土空间规划的"三线三区"综合评价结果。

（1）涞源县生态保护红线面积为 1420.10 km²，占全区总面积的 58.79%，面积浮动范围为 55% ~ 65%。涞源县生态红线涉及生物多样性维护区、水土保持区、水源涵养区 3 类生态功能重要片区，以及采矿区、水土流失区等两类生态敏感区域。

（2）耕地保护红线方面，涞源县永久基本农田面积为 269.44 km²，占全区总面积的 11.15%，农田储备 247.88 km²，占全区总面积的 10.26%，农田面积浮动范围为 10% ~ 25%。

（3）集中建设区开发边界划定方面，围绕"收缩城市边界控制建设规模"目标，涞源县中心城区集中建设面积为 35.99 km²，占全区总面积的 1.49%（其中规划经济开发区面积为 10.99 km²），城市发展边界内建设面积为 48.72 km²，占全区总面积的 2.02%，限制建设面积为 218.86 km²，占全区总面积的 9.06%（包括村镇面积）。

3.1.4　山水林田湖草气全要素生态格局

山：矿山区生态修复和治理，加强地质灾害防护，有效利用地热资源。涞源境内山高林密，气候多样，地形复杂，植被繁茂，为各类野生动物提供了得天独厚的环境。1979 年，涞源境内野生动物主要有金钱豹、狼、狐狸、松鼠等。随着采矿业的停止，生态修复、恢复物种多样性成为涞源下一阶段目标。①采矿区。对废弃采矿场分步分区开展生态修复，恢复受损山体；对其文化价值进行估值，保护工业遗址；对尾矿周边进行生态治理，降低矿产开采对环境的危害。②地热、断层。加强工程抗震水平，在地热资源丰富区，在零生态破坏的条件下，合理拓展温泉等产业；涞源在关注矿区生态修复的同时，可以利用其他地热资源和工业遗迹发展相关产业。

水：加强泉群治理，完善防洪、导洪工程。拒马河发源于涞源县西北太行山麓，是上风上水之地，水体流经整个京津冀地区，源头水质的好坏至关重要。①洪涝。加强泉群地区防洪机能，加强水土流失治理：县城北部的洪水主要来自上游东界沟，沟谷纵横，东西向切割严重，植被状况不好，对县城威胁大。②生态修复。城南地区受采矿区影响，河道两侧有大量采矿工程建设，需恢复矿区水体质量。

林草：恢复生物廊道，提高森林覆盖率；保护草原生态系统；建立涞源氧吧。涞源乔木树种主要有桦树、辽东栎、山杨、椴树、柞（zuò）树、槲（hú）树等天然混交林，有刺槐、油松、落叶松等人工林，有苹果、梨、红果、桃、杏、核桃等经济林树种。灌木和藤本植物主要有酸枣、荆条、胡枝子、榛子、六道木、刺五加、沙棘、猕猴桃、紫穗槐、接骨木、卫矛、榆叶梅等。伴生草本植物主要有唐松草、苔草、山丹丹、茛（jìn）草。涞源荒山荒草地的后备资源丰富，森林覆盖率达到35.1%，虽然近全国平均水平的2倍，但林地破碎，需要进一步提高生态系统的完整性，改变林地破碎的现状，提高植被覆盖率。可利用后备资源方面，草地、裸土地等合137 352.22 hm²（1 hm²=10 000 m²），占全县域总面积的56.5%，其中可开发利用的资源量为坡度小于25°的82 205.6 hm²。

田：涞源可全面实现耕地保护与合理利用，强化农田生态功能。①耕地结合园地、林地、草地及水域等，形成人工与自然相得益彰的独特景观和生态效益，成为绿色空间的重要补充；②根据当地土壤条件、气候条件、水资源条件，调整农业结构，推动农业用地功能多元化；③保证农田储备面积，成为京津冀地区时蔬供应源之一。

湖：雨污分流，严格污水处理，从源头治理水质，恢复湿地生态。近几年来，涞源湖附近的天鹅数量逐年增加，此外还有大雁、苍鹭、鸳鸯、赤麻鸭等30多种珍稀鸟类在此栖息。另外，需要加强涞源县城污水处理厂、地下综合管沟以及雨污分流等工程的实施，争取处理水排放达到国家一级A标准，为野生动物的栖息繁育提供良好的水环境。

大气：清洁能源，减少污染气体排放。涞源县在夏季的主要污染物为O_3，与汽车尾气排放和发电厂、燃煤等废弃排放直接相关；在冬季供暖期，SO_2、NO_2排放明显增多，如图3-14所示。

优化对策路径：修复为主、保量提质。保证涞源境内森林、草地、湿地生态系统完整性，恢复生物群落栖息地；提高荒山、荒草地利用率，提高林地、农田的资源储备；从源头防治生态问题，提高水源涵养和生态保育功能，创造宜居宜游的绿色空间，如图3-15所示。

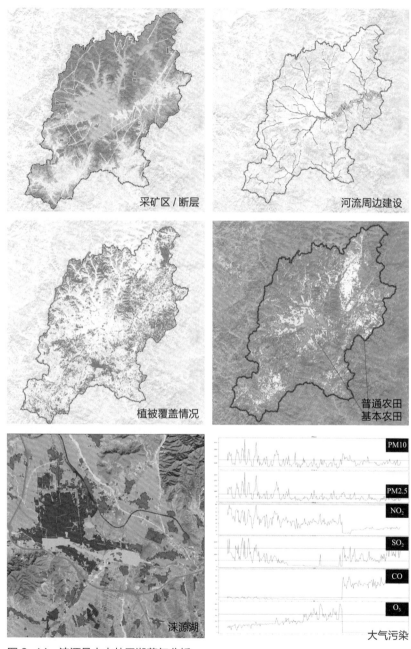

图 3-14　涞源县山水林田湖草气分析

山	矿山区生态修复	修复受损山体和废弃矿洞	地质灾害防护
水	泉群综合治理	完善防洪、导洪工程	强化治理水土流大
林草	提高荒山利用率	恢复生物栖息地	提高水土保持功能
田	提高农田储备	保证基本农田完整性	强化农田生态功能
湖	恢复湿地生态	胡白水库综合治理	提高水源涵养功能
草	荒草地开发	提升空中草原生态功能	草地生态系统完整性
大气	大气污染治理	低碳低排放经济推进	建设森林氧吧

图 3-15 涞源县山水林田湖草气生态修复和应对框图

3.2 畿与陉专题：涞源县文化遗产保护传承与利用

涞源是"千年古县"，取涞水源头之意。涞源人倚靠凝重的太行山脉和清澈悠长的拒马河，造就了重要的历史文化遗产。涞源的文化遗产一方面取决于其不同层次的区位特征，另一方面取决于其独特的自然地理条件。从宏观区位条件来看，涞源位于北游牧、南农耕，东海洋、西腹地的过渡地带，北方民族与中原民族交错杂居汇集了多元的文化源流，海洋文明和内陆农牧文明也在这一地区相互碰撞；从中观来讲，涞源位于以大同、呼和浩特为中心的雁北地区、以北京为中心的京津冀地区和以太原为中心的晋中南地区之中，元明清之后的"畿辅逻辑"深刻地影响了涞源的文化特性。从自然地理条件来看，涞源的文化遗产形成受"山－水－陉"三大因素塑造。

（1）太行山、燕山、恒山首尾相接，交会于此。白石山，被称为太行之首。

（2）众水之源。涞源县境内河流属于海河水系，因地势西高东低，向渤海流去，入海口位于天津。海河水系分布像一把大蒲扇，众多支流在天津汇合，海河正是这把蒲扇的柄。

（3）两陉贯之。太行八陉汇总的飞狐陉、蒲阴陉位于涞源县境内。

本专题的研究目标包括：第一，服务于《涞源县国土空间规划》编制；挖掘归纳涞源历史文化特质，为历史资源利用提供规划建议。第二，梳理涞源历史发展脉络，把握历史发展规律；厘清涞源历史文化资源的现状与特征，归纳历史文化价值；把握新时代国土空间规划趋势；对历史文化资源在未来城市规划、设计中发挥积极作用提供建议。

3.2.1　文化遗产时空逻辑：从游牧边地到京畿从属

从区域与地方来看，涞源发展经历了几次重要的变迁，每个时代都留下了相应的文化遗产。

1. 史前时期：三脉交会、文明孕育

涞源是仰韶文化、龙山文化以及红山文化等细石器文化的交会之地，如图 3-16 所示。重要的文化遗址见证包括以下两处：

（1）拒马源遗址。位于旗山北麓的拒马源头北岸，属母系氏族公社的萌芽时期。

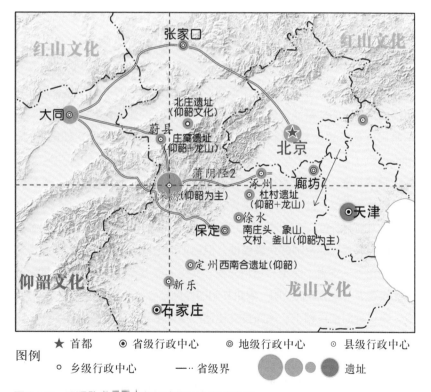

图 3-16　涞源处于多元文化源流的混合交融地带

（2）南屯遗址。位于拒马河南岸，距今约 6000 年。

在传说的夏朝，涞源属于有易氏部落；到了商代，已发现的遗址大都分布在拒马河及其支流沿岸，如下北头先商时期遗址、甲村商代遗址、三甲村商代遗址。三甲村商代遗址，即为史载"纣王城"遗址。《河北通志稿》记："纣王城，在涞源县东十五里。而周朝时期，周初封召公于北燕，处山戎、鬼方边疆。"

2. 边地时代

（1）燕赵屏障。春秋战国时期，燕国的蓟、赵国的邯郸是该区域范围内的两大政治、经济、军事与文化中心，并保持较为稳定的发展格局。涞源处于边境地带，军事地位凸显。

（2）汉置广昌县、隋单设上谷郡、辽宋为契丹南境。在此期间，涞源始终位于游牧文明、农耕文明的冲突前线，受游牧文化和农耕文化影响显著。这条分界线大致沿天津、徐水、保定、涞源，即塘泊遍布的古易水河道。该分界线将京津冀地区分为差异明显的南北两部分。

3. 畿辅军城时代

北京在金代建都之日起，涞源逐步成为拱卫京师的京畿军事重镇。到明代后，涞源的战略地位进一步地凸显，明代一系列的长城关口和所、卫军事设施在这里设置，可谓是拱卫首都的一道关键的屏障，如图 3-17 所示。

归纳起来，早期涞源地区的文明远离政治中心，属边地部落，春秋战国时期从属燕赵，处燕赵对峙边界。秦汉、隋唐时期远离政治中心，多被地方势力割据占有。宋辽时期属辽国南境，再次处于两国对峙边界。自金朝起，逐步成为拱卫京师的京畿腹地，但历史地位低于京畿走廊上的涿州—新城—定兴—安肃—保定—定州一线。文化上靠近农牧分界线，时常受游牧民族袭扰，位于游牧文明、农耕文明的冲突交会地带。

在这种时空逻辑下，涞源县文化遗产呈现多元化的特征，其中一个典型是：宗教传播也在涞源留下了大量历史文化遗存，是佛道释的集中承载之所。其文化遗产典型包括阁院寺、兴文塔等，如表 3-1 和表 3-2 所示。

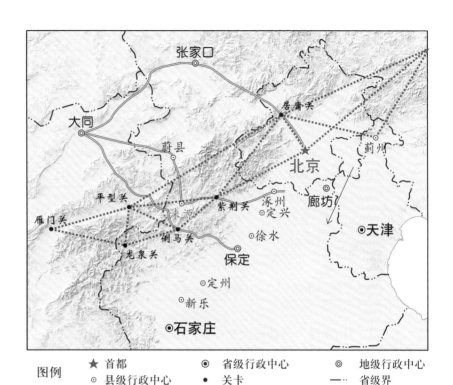

图例　　★ 首都　　　　　　⊙ 省级行政中心　　　　　◎ 地级行政中心
　　　　⊙ 县级行政中心　　　● 关卡　　　　　　　　— 省级界

图 3-17　涞源在明朝之后成为拱卫北京的重要军事屏障

表 3-1　涞源县文化遗产形成和发展的时空逻辑

朝代	和政治中心的关系	代表性的文化遗址
夏、商	边陲	南屯遗址
西周、春秋	北燕边境	北头遗址、甲村商代遗址、三甲村商代遗址
战国	燕赵对峙边界	
秦、两汉	远	
三国、两晋、南北朝	远、较远	
隋唐	远	
后梁后唐	较远	
契丹、辽	陪都畿辅地带	阁院寺
金元明清	畿辅地带	广昌古城、长城

表 3-2　涞源县重要物质性文化遗产一览

序号	名称	等级	类型	批复时间	地点
1	阁院寺	国家级	古建筑	1996.12	县城
2	兴文塔	国家级	古建筑	2006.6	县城
3	乌龙沟长城	国家级	古建筑	2010.7	乌龙沟
4	万里长城	国家级	古建筑	2013.5	浮图峪至狼牙口
5	黄土岭战役旧址	省级	古遗址	1999.11	银坊镇
6	甲村遗址	省级	古遗址	1982.11	甲村西
7	南屯遗址	省级	古遗址	1982.11	南屯西
8	西庙遗址	市县级	古遗址		涞源镇西关村
9	水云乡烈士陵园	市县级	近现代重要史迹及建筑		涞源镇水云乡村
10	涞源烈士亭	市县级	近现代重要史迹及建筑		县城

3.2.2 "山水陉"承载五大文化遗产谱系

涞源拥有国家级文物保护单位 3 个，分别是长城、阁院寺以及兴文塔，另有省级文物保护单位 4 个，县级文物保护单位 20 个，涉及古建筑、古遗址和近现代建筑等方面；其文化遗产素材包括宗教建筑、军事建筑、人类聚落遗址和战争战役纪念地，如图 3-18 所示。

涞源县有两处市级非物质文化遗产，其中之一是涞源梆子戏。县城地区非物质文化遗产以集会、传统手工艺等形式为主（如泰山宫庙会、涞源窗花、捏面人）。周边地区非物质文化遗产主要以曲艺、传说等形式为主（如涞源梆子、仙人峪、飞狐传说、杨家将传说），主要分布在山区和浅山区及山口水源。由于独特的自然地理、政治文化地理等，涞源县也拥有众多的名人、传说、诗词等资源。如围绕飞狐陉的传说、名人和诗词。苏东坡在定州时曾有《雪浪石》，称道"飞狐上党天下脊"，陆游也有"三更雪压飞狐城"的诗句。明崇祯时大学士、兵部尚书杨嗣昌曾在游历飞狐陉后，对它的"险"印象深刻，在随后写下的《飞狐口记》中，他说飞狐口是"千夫拔剑，露立星攒"——像新开了刃的宝剑剑锋，又像刚刚打好的钢刀刀身。杨六郎射穿过飞狐陉上的一座山峰，留下了一个圆圆的"箭眼"。"一炷香"则是两山绝壁之间的一座奇丽突兀的石峰，如图 3-19 所示。

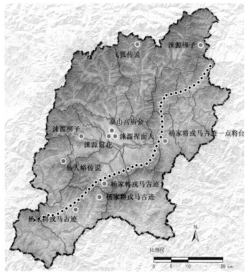

图 3-18　涞源县不同层级的重点文物保护单位　　　图 3-19　涞源县非物质文化遗产

1. "寓景营造"为特征的山水文化

涞源具有群山环绕、众水东流的山水格局。这种独具特色的山环水绕格局，孕育了独具特色的人居聚落景观。

"八景"（或十景、二十景、三十六景，乃至更多）作为中国传统人居景观概念的重要范畴，常被记录于一地历史与地理的地方志集中，且是浓厚的地方色彩和个性文化特质的表现。这些代表性的"N 景"是经过长期演化建立起来的一个系统化、结构化的相对稳定的景观体系。而当前，这些"八景"文化虽然大都已经成为包在泥土中的瑰宝，但其兼有提炼地方自然景观和人文景观的内容和内涵，而这两者无论从人居意境构筑还是从当前的山水林田湖草生态和景观经济打造等方面，都有重要的指导意义，从中可以挖掘出发展地方特色人居景观的道路。涞源也如此，而且还是十二景（《广昌县志》记载和刻画）。这些"涞源十二景"，有六景位于中心城区，六景位于城区外。十二景人文与自然结合，每个景点都有经典诗句或文化传说。从景观内容可以将其分为山之观、水之秀、城之韵。可谓"自然景观、人文景观并存；清晨之景、黄昏之景共赏；晴日风光、幽夜之境皆宜"，如

图 3-20 ～ 图 3-32 所示。

2. 陉口古道商贸文化

太行八陉中有两陉经过涞源境内。其中蒲阴陉起于河北易县，经过紫荆关到涞源。蒲阴陉到涞源向北和飞狐陉相接通蔚县。

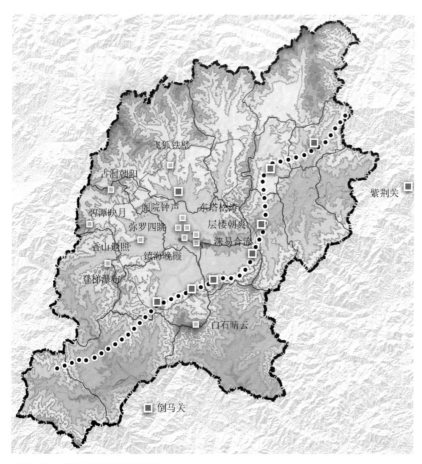

图 3-20　涞源十二景空间分布

山之观基础上的景观包括"白石晴云""香山返照""飞狐铁壁""古洞朝阳"。
水之秀基础上的文化景观包括"登梯瀑布""涞易合流""碧潭映月"。
聚焦聚落特质基础上的文化景观包括"阁院钟声""东塔松涛""弥罗四眺""层楼朝爽""镇海晚霞"。

图 3-21　涞源十二景之白石晴云

白石晴云——清·杜恒焴"南山飘素练,晓望玉嶙峋。遥忆最深处,应多著石人。"指白石山奇峰林立,怪石成群,雄伟峻拔,每当天晴之时,云雾缥缈。

图 3-22　涞源十二景之碧潭映月

碧潭映月——清·杜恒焴"一片高华悬皓月,半湾澄激即寒潭。蟾光照水波浮艳,鉴影当天彩衬蓝。"指中庄村西北面的山上,有一不深的洞穴,洞中有一池潭,是一自然美景,后在洞中修□□□工庙,有水□□□。庙于□□□□又毁□时期。

图 3-23　涞源十二景之层楼朝爽

层楼朝爽——清·杜恒焴"大树今何在，涞涯有故楼。最宜初日上，万里豁双眸。"指泰山宫东南方向，北海第一泉东岸，碧溪集团避暑山庄崖下的地方。明朝时有一官宦在此居住，建一所花园，园中筑二高台，上建楼阁，每当太阳出山时，朝霞必先辉其楼阁。于清朝被毁。

图 3-24　涞源十二景之登梯瀑布

登梯瀑布——清·杜恒焴"联镳朝雨后，拾级上香台。碧嶂惊涛下，丹厓匹练开。"指仙人峪景区内的登梯寺。此地群山环抱，清泉奔流，松柏婆娑，古刹幽深，上寺敬香必从瀑布处经过，于是造梯攀登。

图 3-25 涞源十二景之东塔松涛

东塔松涛——清·杜恒焴"宝塔虹枝外，花宫翠浪翻。居然传广乐，永日坐记喧。"指北海第一泉北部台地上地泰山宫及兴文塔。当时泰山宫古松成林，殿宇雄宏，古塔昂然挺立，每当微风吹拂，松枝发出的声音如大海波涛，故名。现保存泰山宫前半部分，正殿已被中学拆毁，改建成礼堂。

图 3-26 涞源十二景之飞狐铁壁

飞狐铁壁——清·杜恒焴"塞北称形胜，蜚狐亦自雄。插天双壁峻，扪壑乱云通。"指县北的四十里峪，名曰飞狐峪。此儿山势陡拔，风景旁朗，有一夫当关万夫莫开之势。

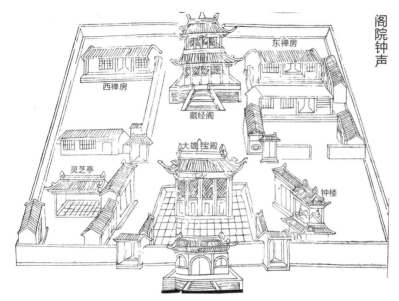

图 3-27　涞源十二景之阁院钟声

阁院钟声——清·杜恒熠"鼎吕何年叶，招提自汉唐。霜金清夜吼，客梦醒羲皇。"

图 3-28　涞源十二景之古洞朝阳

古洞朝阳——清·杜恒熠"古洞天开早向阳，迎晖得地近扶桑。金轮永照晴曦色，石窟常悬旭日光。"指艾河村西北面的青龙山，此山坐西，北面东南有一山洞，洞内于清初修建了玉皇楼、洞宾楼、财神楼，为道家活动场所。建筑毁于"文革"时期。由于太阳升起，其光必先照耀此洞。

图 3-29 涞源十二景之涞易合流

涞易合流——清·杜恒焴"并浸传涞易，寻源起绣封。合流环北极，关岳尽朝宗。"指涞水源与易水源交汇处。从北海第一泉流出的水为涞水，从旗山脚下与南关泉流出的水为易水，二水于水云乡村东部交汇，故名。

图 3-30 涞源十二景之弥罗四眺

弥罗四眺——清·杜恒焴"望极瑶台迥，云空息塞烟。皇威原混一，不事说筹边。"指古城北城门上的橹阁，此阁为重檐歇山顶，站到城楼上能四面望，故名。毁于抗日战争时期。

图 3-31　涞源十二景之香山返照

香山返照——清·杜恒焴"甘堂盈四野，托荫满山花。日射晴岚丽，菌香绕树赊。"北石佛村西北的玉皇梁山的东侧山坳有一古寺，名为香山寺，每当太阳下山后，此寺仍有余辉照耀，故被誉为涞源十二美景之一——香山返照。此寺毁于解放战争，但此处还保存有摩崖石刻及石造像等。

图 3-32　涞源十二景之镇海晚霞

镇海晚霞——清·杜恒焴"古刹七山椒，从游度海桥。浮云褰返照，似建赤城标。"指旗山脚下南石坡北麓的山坳处的镇海寺，每当太阳落山时，镇海寺仍有晚霞辉映。此寺毁于抗日战争时期，后重修。

涞源是连接晋商驼道、太行山前走廊和华北平原的重要节点。晋商从雁门关向外走出内长城分为 3 路：至黄花岭棋道地经张家口远赴东北驼道，至黄花岭棋道地经右玉杀虎口远赴华北驼道，或至广武经河曲黄河渡口远赴西北驼道。从雁门关向内经灵丘、涞源（灵丘古道）进入华北平原，如图 3-33 ～图 3-37 所示。

历史上，涞源县一直归山西管辖，因而城里传统民居都是晋北风格，黄土筑墙、街门宽大、青砖筒瓦。清雍正十一年（1733 年），雍

图 3-33　雁门关口

图 3-34　长城九边重镇之大同镇的堡垒体系

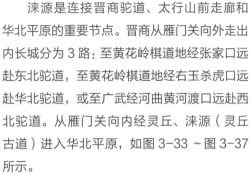

图 3-35　宁武关广武古城

图 3-36　作为长城九边重镇之一的张家口宣化

图 3-37　张家口堡

正皇帝在易县修建泰陵之前，发现主峰永宁山脉位于涞源境内，于是改将广昌县隶属河北。

"山绝，陉。"——《尔雅》，太行八陉最初指的是太行山脉中8个断开的山口，由南到北分别为：轵关陉、太行陉、白陉、滏口陉、井陉、蒲阴陉、飞狐陉和军都陉。它是晋冀豫三省穿越太行山相互往来的8条咽喉通道，也是三省边界的重要军事关隘所在之地。其中，在京津冀范围内除了路经涞源的蒲阴陉和飞狐陉外，自南向北分别是起始于邯郸的滏口陉、起始于石家庄的井陉以及起始于北京南口的军都陉。这些太行八陉分布有诸多的文化遗产，古都遗址、石窟、寺庙、瓷窑、墓葬等密集分布，如图3-38所示。

（a）太行八陉之滏阳陉连接着邯郸和太原，其通道分布有举世瞩目的南北响堂山石窟

（b）太行八陉之滏阳陉上的磁窑遗址

（c）太行八陉之滏阳陉东段就是战国时期的赵邯郸古城，其东南不远则是古邺城、安阳

（d）太行八陉之滏阳陉古道从此门洞经过。该建筑既是关口古道，也是玉皇阁

图3-38　京津冀地区5个陉口通道上的文化遗产

（e）井陉咽喉之秦驰道遗址　　　　　　　　（f）井陉的国宝单位陀罗尼经幢　（g）井陉的于家石头村
　　　　　　　　　　　　　　　　　　　　　　　　　　　　　　　　　　　等传统村落高度密布

（h）井陉既是军事据点，也是极为重要的从事生产、生　（i）井陉东段也是重要的古都，如春秋战国时期的中山
活和交易的据点，附近密布井陉窑遗址　　　　　　　国遗址等

（j）居庸关所控制的通往京城的军都陉　　　　　　（k）军都陉口上云台和居庸关

图3-38 （续）

（l）军都陉成为多民族文化、军事和商业交流的重要通道　（m）军都陉遗存有大量宗教和商业文化遗产

图 3-38 （续）

　　飞狐陉。从蔚县城关南下经过黑石岭至涞源县城这条路（全程 70 km）是飞狐道的主道，其他 3 条都可看作飞狐道的辅道或延伸。黑石岭所在的飞狐口俗称"四十里黑风洞"，是太行山山脉和燕山、恒山山脉的交接点。在它们之间，自然衍生出一条道路，便是飞狐陉。这条道路有着"天下险"之称：头顶一线青天，最宽的地方八九米，而最窄的地方只有两三米。飞狐陉从河北涞源起，经上庄、岔道、北口至河北蔚县，是古代游牧民族铁骑南下的通道之一。涞源伊家铺向东北登上山梁，是飞狐古道的最高点黑山堡。黑山堡也是涞源盆地与壶流河河谷的分水岭。沿公路向北，翠屏山中有一条大裂谷，又称飞狐峡谷。这段 20 多千米长的山路是古道中最壮观的。两边的峭壁都是直上直下，有数百米高，峡谷的宽度最多只有 50 多米宽，最窄处仅有 20 来米。传说杨六郎射穿过路上的一座山峰，留下了一个圆圆的"箭眼"。"一炷香"则是两山绝壁之间的一座奇丽突兀的石峰。飞狐口在古代不仅是交通、军事要地，还是通商的咽喉。所以早有"襟带桑乾，表里紫荆""撮乎云谷之间，吭背京鼎，号锁阴重地"之誉。"国仇未报壮士老，匣中宝剑夜有声，何当凯旋宴将士，三更雪压飞狐城"——陆游《长歌行》，如图 3-39 所示。

　　蒲阴陉一说应为保定、顺平、倒马关、走马驿、灵丘一线，倒马关亦为长城内三关之一。另一说起于河北易县，经过紫荆关到涞源。蒲阴陉到涞源向北和飞狐陉相接通蔚县，如图 3-40 所示。

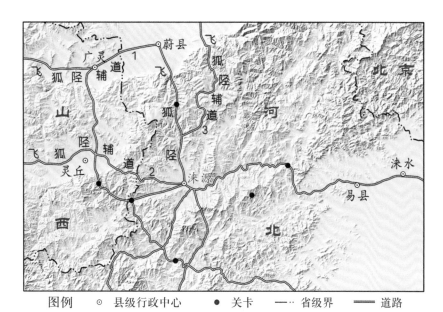

图例 ◎ 县级行政中心 ● 关卡 —·· 省级界 ══ 道路

图 3-39 飞狐陉及所涉及的交通和聚落

图例 ★ 首都 ◎ 省级行政中心 ◎ 地级行政中心
◎ 县级行政中心 ● 关卡 —·· 省级界

图 3-40 蒲阴陉及其所串联的主要聚落节点

蒲阴陉和飞狐陉作为区域重要通道，成为组织聚落空间分布、功能分布的重要基础，在这些陉口通道上，不仅仅有独特的自然风景资源，更有独特珍稀的人居聚落和文化遗产资源，如图 3-41～图 3-48 所示。

图 3-41　太行八陉之蒲阴陉　　　　图 3-42　太行八陉之飞狐陉东线

图 3-43　太行八陉之飞狐陉西线与当前公路　　图 3-44　在紫荆陉上分布有大量的宗教寺庙遗产

图 3-45　紫荆陉东段的燕下都遗址　　　　图 3-46　紫荆陉东段的易县清西陵

图 3-47 飞狐陉上的蔚县堡群遍及全县   图 3-48 蔚县的暖泉古堡

3. 关城堡垒京畿军事拱卫文化

　　涞源是保卫京畿走廊城市聚落的重要军事屏障，处于北部草原进入中原腹地的重要交通要道。长城从县域东北方向的苦壮石入境，自西南狼牙口出境，在涞源境内的峰峦峡谷间上下腾越，蜿蜒穿行，总长度达116 km，是全国长城入境最长的县份之一。涞源境内从东至西设有乌龙沟、浮图峪、宁静庵、白石口、插箭岭、独山城、狼牙口7座城堡，这些城堡分别建在乌龙河、拒马河、唐河河谷和白石山东西两麓，建筑规制高，防守级别高，驻军较多，如图 3-49 ~ 图 3-52 所示。

图 3-49 乌龙沟关城城门   图 3-50 乌龙沟关城瓮城

图3-51 乌龙沟关城附近的泉水和龙王庙

图3-52 乌龙沟关城与传统村落浑然一体

1）内边长城、三镇交会、两关要枢

保定市涞源县长城位于明代内边长城中部地段，修筑于明万历年间，全长约122.4 km，位于宣府、大同、山西三镇交会之地，军事战略地位显著突出。

两关要枢。涞源东临紫荆、南连倒马、西趋大同、北通宣化，控制着北部黑石岭等众多关隘，处于北部草原进入中原腹地的重要交通要道。《宣大山西三镇图说》中广昌城图说记载："西可壮灵丘之险，北可扼黑石之隘，密迩紫荆、倒马，固两关之要枢也。"

2）直辖卫所

长城重镇下设路，路下设卫所，卫所下辖堡。各城堡间距均匀，一里一小墩、五里一大墩、十里一台、三十里一堡。《宣大山西三镇图说》："而蔚州广昌卫所又与大同分治者也。"

3）八关六段

以涞源县为中心有5处通道，四周围绕飞狐口、紫荆关（见图3-53，图3-54）、五阮关、倒马关（见图3-55，图3-56）、天门关5处关卡。县城以西有著名的平型关；以东50 km有紫荆关；以南40 km有倒马关。

八关：由北到南依次为乌龙沟关城、浮图峪关城、宁静安关城、湖海口关城、白石口关城、插箭岭关城、独山城、狼牙口关城（见图3-57（a）、（b）、（c）、（d））。

六段：主要分为乌龙沟段"乌字号"长城、浮图峪段"浮字号"长城、

图 3-53　北线蒲阴陉上的紫荆关

图 3-54　紫荆关题刻

图 3-55　南线蒲阴陉上的倒马关

图 3-56　倒马关城门

（a）浮图峪关城

（b）白石口关城

图 3-57　涞源县境长城蜿蜒，关城堡垒紧凑排布

（c）插箭岭关城　　　　　　　　　　　（d）独山城关城

图3-57（续）

宁静安段"宁字号"长城、白石口"白字号"长城、插箭岭段"插字号"长城、狼牙口段"茨字号"长城6大部分。其中，乌龙沟长城保存十分完整，从五六百年前到现在一直是这个模样，甚至比北京近年重修的长城还要完整。

　　图3-58、图3-59所示区域层面反映了涞源的关口等军事体系分布及区域关系。

图例　★ 首都　　　　◎ 省级行政中心　　　　◉ 地级行政中心
　　　　◌ 县级行政中心　●● 关卡　　　　—— 省级界

图3-58　飞狐陉和蒲阴陉及其长城关口与涞源的关系

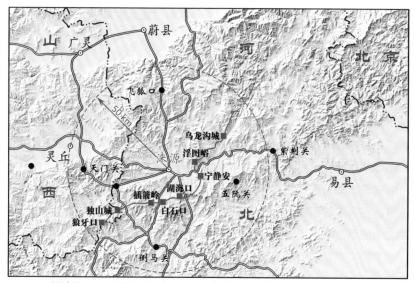

图例 ◎ 县级行政中心 ● 关卡 ■ 长城关城 —·· 省级界

图 3-59 涞源的长城关城体系

4. 多元宗教信仰文化

涞源是佛、道、儒文化的集中承载之所。佛教文化以阁院寺为代表，汉唐时期佛教传入，因而涞源寺庙众多，分布于县城内及周边各座主要山峰。

涞源因地处高原与中原的过渡地带，历史上曾长期隶属于大同府管辖，所以受到了黄河文明的深刻影响，尤其是因为靠近五台山和恒山两大佛教、道教的圣地、名山，受到了很重的宗教文化辐射和熏染。因此，自汉唐到明清，历代官府和民间都很重视寺庙的营建和维修，到清朝末年，涞源全县号称有"九庙九寺"。这"九庙九寺"分别为东庙（泰山宫）、西庙、全神庙、飞狐庙、朝阳洞、城隍庙、真武庙、将军庙、神仙山庙；阁院寺、镇海寺、香山寺、圆照寺、太平寺、紫岩寺、圣泉寺、登梯寺、永福寺。

儒教文化以书院、兴文塔为代表，其中屹立在涞源北侧高地上、修建于唐天宝三年的兴文塔，是我国为数不多的风水塔之一。道教文化反映了地方对山水、对生产生活等的全方位态度和认知。涞源不仅有大量的龙王庙（水文化）、泰山宫（山岳文化）等，还有山川风雨坛、社稷坛、先农坛、历坛等文化遗存，在诸多地方还留有关帝庙等商业道教文化。

5. 中国古代典范聚落营造文化

五龙戏水格局。《广昌县志》记载："山水格局呈五龙戏水之势，五山会于拒马之源，拒马之水顺势东流。"即在县城西面由北向南分布5座山丘，分别是凤凰山、青龙山、香山、七峰山、神仙山；5座山与东南部的拒马河，形成了县城的山环水抱格局。拒马源东部，泉群聚集，共百余个，生机勃勃，如图3-60所示。

涞源古城有东西南北四至格局，而且除了东西向的拒马河沿线人居分布外，在插箭岭和白石口方向，也分别有两条古道穿过，形成天然的、功能吻合的两座门阙。当然这种格局也是经历了一个长期演化的过程。从出土的早期文明聚落遗址来看，早期的人居选址也是依山避水，这些遗址大都集中在冲积扇顶部，远离河流，如图3-61所示。

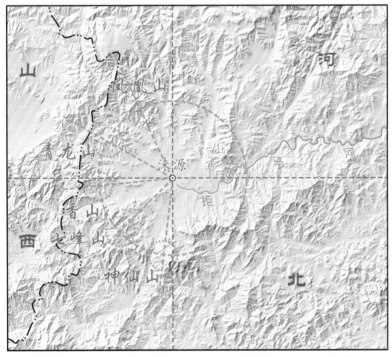

图例　⊙ 县级行政中心　— 省级界　〰 河流

图3-60　五龙戏水格局

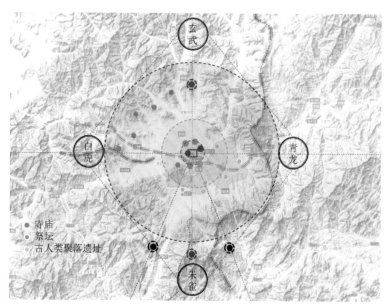

图 3-61 "风水格局"和人居聚落及祭坛分布

3.2.3 涞源文化遗产战略价值认知与机遇

1. 价值认知

1）涞源拥有的诸多文化遗产具有世界级影响力

首先，乌龙沟、白石山等关口堡垒是国家长城体系的精华区。这些关口有潜力，也有必要成为长城世界文化遗产的扩展项目。其中，乌龙沟因沟北有 5 条曲折的黑石线而得名。乌龙沟关的关城西靠山崖，三面环沟，城全部用条石砌筑。城关平面呈椭圆形，城墙、城门俱在，且保存较好。乌龙沟关城是紫荆西北的一处重要关口。后在城门的基础上又向外修建了瓮城，瓮城门额各嵌一匾。南瓮城匾阴刻横书"栩荆门"，西瓮城匾阴刻横书"镇朔门"。瓮城两侧与城墙连在一起建立，设有箭楼、门闸、雉堞等防御设施。瓮城城门通常与所保护的城门不在同一直线上，以防攻城槌等武器的进攻。关城中还有记载修筑乌龙沟新城的石碑。新城是在旧城的基础上增筑的，有敌楼 2 座，又在南门、西门建了重门。目前，涞源全线共有敌楼近 300 座、战台 42 墩、烽火台 33 个。现保存完好的城墙有 60 km，占涞源县境内长城总长度的 38%；敌楼有 142 个主体完好，占敌楼总量的

47%。长城墙体全部用毛石砌筑，敌楼底座为条石，上部为城砖，保存相当完好，完好率为 57.8%。乌龙沟段、白石山段完好率达 68.7%,称得上"万历原貌，威武雄关"。英国哈德良长城申遗保护实践乃至扩展过程为涞源长城体系的保护传承和利用提供了可借鉴的经验，如图 3-62 所示。

（a）哈德良长城及其与自然地形的有机和谐一体

（b）哈德良长城展示结合大地景观

（c）哈德良长城结合田园风情

（d）哈德良长城结合慢行道系统

遗址现场展示:英国哈德良长城的遗址现场并不提倡重建展示的方式，而是更多地采用了原状展示、考古现场展示的方式。

图 3-62　英国哈德良长城的保护及与自然和人居的关系

（e）军官住所展示 （f）士兵如厕考古展示

图 3-62 （续）

世界文化遗产哈德良长城（Hadrian's Wall）是古罗马帝国修筑于英格兰北部的边境防御体系。它始建于公元 122 年，全长 118 km，连接东西海岸。现存遗迹包括城墙、瞭望塔、城堡、水道壕沟、道路、堡垒、要塞、军营和聚落等。哈德良长城的展示对象除了城墙本身以外，还包括为长城沿线驻军提供支持的要塞、军营、聚落点等遗址点，是一个完整的罗马帝国时代边境系统。另外，沿线还设置多处博物馆，共同形成了"珍珠串联式"的展示结构。

1987 年哈德良长城被列入世界文化遗产，2005 年扩展项目"德国北日耳曼－蕾蒂亚边境"（the Upper German-Raetian Limes），2008 年再次扩展项目"英国安东尼长城"（the Antonine Wall），共同构成了世界文化遗产。

其次，涞源县城有座千年古刹阁院寺，它位于涞源县城广昌大街西侧，坐北朝南，保存下来的中轴线古建筑有天王殿、文殊殿、藏经楼，两侧有西便门、东西配殿、西禅房。附属文物有辽代铁钟一口、经幢两座。寺内古松苍翠，殿宇错落，"阁院钟声"是涞源古十二美景之一。阁院寺是中国非常稀缺的存世的八大辽代木构古建筑之一。阁院寺文殊殿有"八最"，其中斗拱、窗棂、壁画被称为文殊殿"三宝"，如图 3-63、图 3-64 所示。文殊殿"八最"分别是：

（1）全国现存最古老的土木结构建筑。建于辽初的文殊殿保留着汉唐

图 3-63　阁院寺文殊殿内部梁架结构

图 3-64　阁院寺：极其珍贵的辽代木构建筑

时期的建筑风格，古朴凝重，强劲大气。

（2）辽初最典型的官式建筑。

（3）全国唯一的三开间、方形、减柱造殿宇。

（4）代表辽代最高水平的单体佛像尺幅最大的壁画（图3-65）。出自大师之手，笔法简劲流畅，色彩淡而华丽，15 m 宽的墙上只有 4 组坐在莲座上的像；运用了立粉贴金的手法。文殊殿的壁画是"文革"时拆掉十八罗汉后才发现的。明代时有人用黄泥将壁画覆盖起来，才完善保存下来。

（5）现存年代最早的菱花格子窗棂。文殊殿的窗棂自辽至今各朝代都有并都保留下来了，尤其是其中两块辽代菱花格子窗棂最为珍贵。这两块窗棂上的纹饰，有跳舞的人形，有塔形，有瓶形等。

（6）代表中国古建最高水平的斗拱结构。

（7）年代最早的青绿色为主的外沿彩绘。

（8）全国唯一的有明确铭文纪年的辽代大钟（图3-66）。阁院寺大钟钟身铸铭文，有汉、梵两种文字。据钟身铭文记载，此钟铸于辽天庆四年（1114 年），是为皇帝和公主祈福铸造的，是我国现存唯一有明确纪年的辽代大钟，因钟铭文中有"飞狐"字样，被称为"飞狐大钟"。飞狐大钟音质极好，6 个钟耳音质略有不同，或浑厚或清脆，用手轻拍，嗡嗡作响，用力撞击，声传十数里，余音袅袅达数分钟。史书称其"浑浑然有太古之韵"，显示了古代高超的铸钟技艺。

保定地区的阁院寺以及开善寺应该积极进行区域文化联合申报。关于古建筑的跨区域联合申遗，韩国给我们提供了很好的经验。其中一个是

图 3-65　阁院寺的壁画一隅

图 3-66　阁院寺的辽代大钟全国独一无二

图 3-67　韩国高山寺院凤停寺大殿

2018 年申遗成功的高山寺院，内含 7 座跨区域的寺庙，包括梁山通度寺、荣州浮石寺、报恩法住寺、海南大兴寺、安东凤停寺（图 3-67）、公州麻谷寺、顺天仙岩寺。另外一项是 2019 年申遗成功的"韩国书院"，包括 9 处书院，分别是荣州绍修书院、安东陶山书院（图 3-68（a））、安东屏山书院（图 3-68（b））、庆州玉山书院、达成道东书院、咸阳蓝溪书院、井邑武城书院、长城笔岩书院、论山遁岩书院。

（a）韩国书院文化遗产中的陶山书院

（b）韩国书院中的屏山书院

图 3-68　韩国的书院跨区域文化遗产申报

当然在我国，也有一定的跨省市区域联合申报的成功案例，包括明清陵寝、明清故宫等。目前，国家已经将辽宁的奉国寺大殿、山西的应县木塔、天津的独乐寺等作为辽代木构建筑列入世界文化遗产预备名单，河北涞源的阁院寺乃至保定的开善寺大殿应该积极申报列入该预备名单中，如图 3-69、图 3-70 所示。

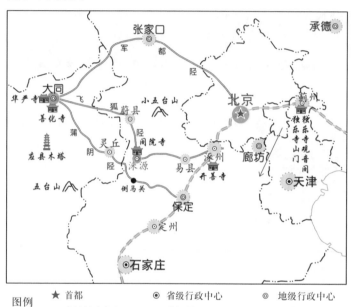

图例　　★ 首都　　　　　◎ 省级行政中心　　　◎ 地级行政中心
　　　　⊙ 县级行政中心　　— 省级界　　　　　● 关卡

图 3-69　涞源县世界级文化遗产空间分布和区域关系

（a）蓟县独乐寺观音阁中的造像　　　　　　　（b）蓟县独乐寺观音阁

图 3-70　国内比较著名的辽代木构建筑基本都集中在北京一大同走廊及附近

（c）应县木塔中的佛教造像和壁画珍品　　（d）山西应县的辽代木塔（即释迦塔）

（e）大同的辽代古建华严寺　　　　　　（f）保定高碑店的辽代建筑开善寺大殿

图 3-70 （续）

再次，太行八陉是世界上独一无二的文化廊道和精华区。涞源县拥有八陉之两陉，在两陉上都有比较突出的文化遗产，具有与其他六陉联合申报世界文化遗产的潜力。

最后，自然是涞源文化的重要生境。目前，太行山地区已经进入到世界自然遗产的预备名单，作为太行山非常珍贵的构成部分，白石山以及拒马源等源头应该积极加入到太行山自然遗产的申报行列，如图 3-71、图 3-72 所示。

图 3-71 白石山全国独一无二的大理岩峰林地貌　　图 3-72 白石山独特的地质和地貌构成

2）山水孕育出来的文化遗产是生态文明建设的一个重要古代"样本"

独特的自然山水条件孕育了涞源独特的文化遗产，奇异的白石山和悠长的拒马河，塑造了仁者乐山，智者乐水的世外涞源。涞源形成的山水"崇拜"文化遗产是一个非常鲜活的生态文明建设的古代纪念地。无论是太行山还是恒山、燕山在我国都是非常重要的文化名山，尤其是北京成为政治中心以来，这三山一定意义上取代了秦岭，可谓是国家的"祖山"。

另外，在当前首都地区转型发展、京津冀地区协同发展的大背景下，涞源也可谓是首都地区文化协同实施的一个重要古代"样本"。自辽代契丹人将如今的北京定位为五京之辽南京、将如今的大同定位为辽西京后，涞源县的政治和军事地位发生了根本性的变化。相应的文化遗产也随之不断发展和质变。辽代的阁院寺、明代长城等就是京畿地区功能协同的重要见证，如图 3-73 所示。

2.战略机遇

曾经，在解决温饱问题和以经济建设为中心的时期，文化遗产更多的是一种"花瓶摆设"。此后，伴随着温饱问题的解决、人民群众日益增长的多元需求，文化遗产不仅仅具有隐形的生态价值和社会价值，其"显性经济价值"也开始凸显。

对涞源来讲，2014 年以来京津冀地区协同发展更是让其生态、文化遗产的重要性飞跃了一大步。再加上涞源县文化遗产和绿水青山高度耦合，涞源县的文化和自然资源的独特供给极大地满足了京津冀乃至更大区域的

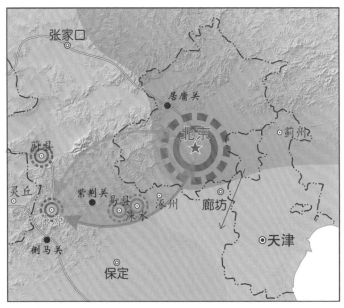

图例
★ 首都　◎ 省级行政中心　◎ 地级行政中心　◎ 县级行政中心
--- 省级界　— 文化与生态　— 政治与经济　▨ 区域联动

图 3-73　首都北京与以涞源为中心的区域特色文化网络形成了互为补充的区域联动关系

休闲旅游等的需求。

1）京津冀地区和首都北京都将文化遗产提到一个新的高度

在京津冀地区协同规划中，文化协同是一个重要的领域。当然这些协同具有共同的地理条件、独一无二的京畿关系以及息息相通的共同历史脉络。

在当前城市总体规划中，北京规划了 3 条文化带：长城文化带、西山永定河文化带、大运河文化带。其中，长城文化带和西山永定河文化带与涞源紧密关联，而拒马河流域等也东去与大运河区域关联。

除了区位、交通条件外，文化遗产也是当前首都功能疏解（就业、宜居等）承接地的一个重要条件。此外，京津冀协同发展和雄安新区战略也促进了首都地区的文化功能在不断强化。

2）国家长城国家文化公园建设战略

2019 年 7 月，习近平总书记主持召开中央全面深化改革委员会第九次会议，审议通过了《长城、大运河、长征国家文化公园建设方案》。长城国家文化公园包括：战国、秦、汉长城，北魏、北齐、隋、唐、五代、宋、西夏、辽具备长城特征的防御体系，金界壕，明长城。对于长城国家文化公园试点建设，河北将依托长城内外的遗址遗迹、关隘城堡、传统村落、山水风光等资源，统筹谋划建设长城旅游公路、长城步道等文化和旅游基础设施及公共服务体系，推动万里长城河北段建设成为世界知名文化公园。涞源乌龙沟长城等在长城国家文化公园在河北的布局中是重要的组成部分。

3.2.4 涞源县文化遗产结构及空间组织归纳

如图 3-74 所示，涞源两陉所在之处独特的自然地理条件，使涞源成为商业文化、军事文化、多元宗教文化的重要汇集之地，主要表现在以下 5 个方面。

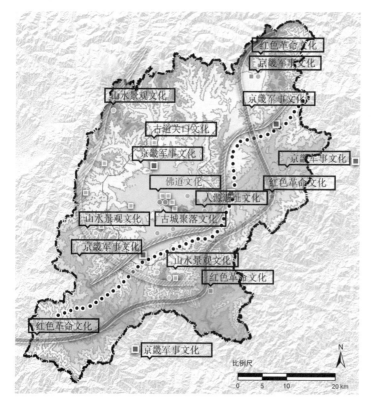

图 3-74 涞源县的文化遗产空间结构

（1）连接晋商驼道、太行山前走廊和华北平原的重要节点。

（2）保卫京畿走廊城市聚落的重要军事屏障。长城、所卫体系等形成了以"山隘水口，长城遗迹"为特征的京畿军事文化体系。

（3）以"佛道并行，庙观宫学"为特征的佛道信仰文化，与古城聚落文化、人源遗址文化集中分布在涞源盆地的中部。佛道信仰文化：涞源是佛、道、儒文化的集中承载之所。涞源是契丹南境文化的集中承载之所。辽设五京，上京临潢府（今内蒙古赤峰林东镇）、东京辽阳府（今辽宁辽阳）、南京析津府（今北京）、中京大定府（今内蒙古宁城县）、西京大同府（今山西大同）。涞源是沟通西京大同府、南京析津府南侧通道上的重要节点。

（4）以"寓景营造，人地协调"为特征的山水景观文化。

（5）以"英雄故事，戎马遗迹"为特征的红色革命文化。

3.3 扶贫与致富：涞源县经济与产业

涞源经济和产业发展有如下特征：

（1）产业发展有着较为独特的地理、气候、区位等条件。涞源有较为独特的农业产业基础、采矿业和加工、旅游资源开发和房地产等，这也是涞源城市发展不同阶段的一些主导产业门类[①]。

（2）产业发展面临着京津冀协同发展和首都功能疏解的新机遇、新要求。涞源县距离首都北京近，位于雄安新区上游地区。

（3）产业发展有一定的区位优势。第一层次是京、冀、晋、蒙之间；第二层次在北京、保定、张家口、大同、忻州等城市之间；第三层次，涞源与蔚县、灵丘、浑源、繁峙、唐县、易县、涞水等县市共同构成了京津冀晋蒙地区的生态和文化特色区域。

但同时，涞源产业发展也面临诸多问题和挑战。包括以下几点：

（1）农业生产条件落后，生态环境脆弱。涞源耕地资源匮乏，且多为山坡次地，土地贫瘠，农业收入严重受限。同时，农业生产基础设施落后，

---

① 涞源县是河北省9个矿产资源大县之一，全县已发现矿种43种，矿产地207处，主要矿种有铁、铜、铅锌、钼、金、银、煤、石灰石等。其中，铁矿石探明储量14.5亿t，铅锌金属量120万t，铜金属量110万t（华北地区最大），钼金属量36万t（全国第三位）。

排灌、耕收机械化程度低，以人工耕种为主。生态环境易受干扰而退化。全县平均海拔 1000 m，无霜期短，仅 120 天。自然灾害多，抗风险能力弱。洪灾、山体塌方等自然灾害隐患较多。2012 年 7 月 21 日发生的特大水灾给涞源造成了巨大损失。

（2）采矿业和工业发展受到市场、政策等影响明显。

（3）旅游业发展任重道远。涞源的旅游业作为县域经济的后续产业，相对来讲仍处于起步阶段，涞源湖湿地公园、白石山和白石山小镇、涞源大剧院等项目的开发为涞源城市发展带来了重大的转型动力，但整个县域的全域旅游、涞源旅游业的全产业链等发展仍十分艰巨。

3.3.1 涞源产业发展面临脱贫和致富两个方面

涞源曾是一个深度贫困县。根据 2018 年的数据，涞源县总面积 2448 km², 辖 8 镇 9 乡 1 个办事处，285 个行政村。既是革命老区，又是国家扶贫开发工作"三合一"（国家新十年扶贫开发、太行山—燕山连片特困地区、全省环首都扶贫攻坚示范区）重点县。在全国扶贫开发信息系统中纳入涞源县贫困户数量为 17 045 户，贫困人口为 34 129 人。包括一般贫困人口 19 320 人，占比 56.61%；低保贫困人口 12 760 人，占比 37.39%；五保贫困人口 2049 人，占比 6%，如图 3-75、图 3-76 所示。

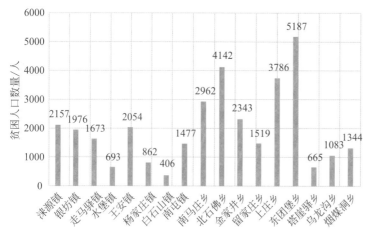

图 3-75　2018 年贫困人口分乡镇分布

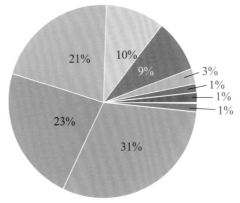

図例:
- 因病致贫
- 因缺劳力致贫
- 缺资金贫困户
- 因残致贫
- 因缺技术致贫
- 因学致贫
- 因自身发展力不足致贫
- 因交通条件落后致贫
- 因灾致贫

图 3-76　2018 年涞源县贫困的因素

　　涞源县是一个深度贫困县。贫困人口占比高、贫困发生率高；人均可支配收入低；基础设施和住房差。在涞源县深度贫困的贫困村中，村内道路、入户路、危房需要维修和重建。"三重"即低保五保贫困人口脱贫任务重、因病致贫返贫人口脱贫任务重、贫困老人脱贫任务重。

　　涞源县 2018 年贫困发生率为 16.7%，比 2017 年年底全国贫困发生率 3.1%（国家统计局 2018 年 2 月 1 日公布统计数据）高出 13.6 个百分点。2017 年农村居民人均可支配收入 6863 元，比全国农村居民人均可支配收入低 6569 元。除深度贫困县"两高、一低、一差、三重"特征外，涞源县的明显特征是贫困线边缘人口多、脱贫返贫浮动大。

3.3.2　涞源县产业发展现状

　　涞源县产业发展的数据包括《涞源统计年鉴》《经济普查数据》《河北省统计年鉴》以及"企查查企业大数据""POI 大数据"、OpenStreetMap 等。

　　总体来看，涞源县第一产业比重较高、产业结构波动较大。第二产业占 GDP 的 45%，工业、公共管理、批发和零售业、交通仓储、农林牧渔为占比前五的产业。第一产业比例较高，近 30%。1994 年以来，由于采掘业的波动，以及旅游业的快速发展，涞源县产业发展波动显著，如图 3-77 所示。

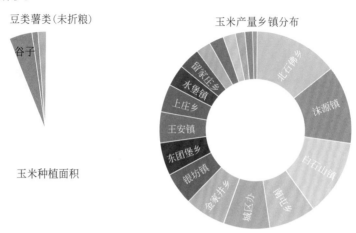

图 3-77　涞源县的农业生产和空间分布

1. "行业 – 空间"特征概况

总体结构。涞源第一产业呈现全域一中心 + 多点的格局；第二产业集中在矿产资源丰富的乡镇和县城；第三产业则集中分布在有一定产业基础和活力的县城、白石山镇以及东部中心王安镇，如图 3-78 所示。

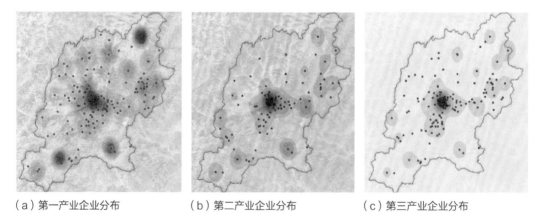

（a）第一产业企业分布　　　（b）第二产业企业分布　　　（c）第三产业企业分布

图 3-78　三大部门企业空间点位分布

典型行业空间分异。房地产企业共 181 家，集中分布在白石山和县城区域以及涞源西关孵化基地。旅游相关行业集中分布在涞源县城、白石山景区，散点与涞源县重点建设的景区高度相关。批发和零售相关企业共 813 家，除县城区域较为集中外，其他区域散点式分布。至 2019 年 10 月，涞源县采矿企业共 3003 家（不含个体户，下同），涞源县存续的矿业企业数量远超于制造业、建筑业等其他类型工业企业，制造企业共 201 家，建筑企业 154 家，均在县城的集聚程度极高，如图 3-79 所示。

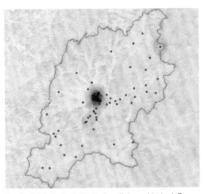

（a）房地产业空间分布："点 – 核密度"

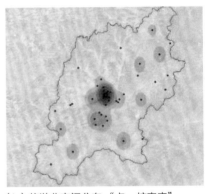

（b）旅游业空间分布："点 – 核密度"

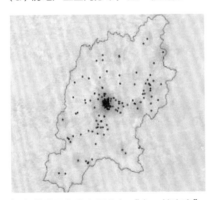

（c）批发零售业空间分布："点 – 核密度"

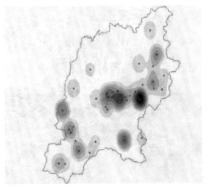

（d）采掘业空间分布："点 – 核密度"

图 3-79 不同行业企业空间核密度分析

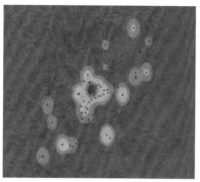
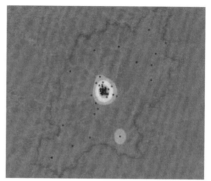

（e）制造业空间分布："点－核密度"　　（f）建筑业空间分布："点－核密度"

图3-79 （续）

2. 2008年后涞源产业发展的资本投入空间和行业分异

从行业、时间两个维度来看，资本投入第一产业的力度在2013年猛增，之后骤降，但在2016年回增后逐年下降；资本投入第二产业的力度在2013年后稳步缓慢上升；资本投入第三产业的力度在2015年起稳步上升，在2018年猛增。通过核密度分析，可以发现资本投入有两个集中点，即涞源县城和王安镇，如图3-80、图3-81所示。

3. 新增产业法人单位变化时空视角

2007—2011年新增法人单位363个，集中在涞源县城。2012—2016年新增法人单位1203个，沿高速公路向西（金家井乡）、东北（王安

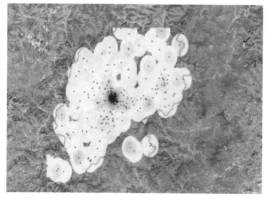

图3-80 全部企业分布情况

图3-81 资本投入情况

2007—2011 年新增法人单位

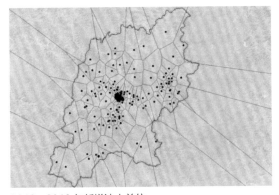

2012—2016 年新增法人单位

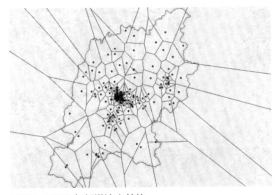

2017—2019 年新增法人单位

图 3-82　2007 年以来不同年份新增产业法人单位空间分布变化

镇）、南（白石山镇）发展。2017—2019年新增法人单位 1223 个，形成"大县城＋王安镇"两个集中点，如图 3-82 所示。

4. 产业转型的涞源故事：典型企业家案例视角

调研过程中了解到一些涞源典型的企业家故事，他们的经历是涞源经济产业发展的缩影，因此将之梳理，呈现如下——蔺家的故事。

在 2019 年的涞源县政府工作报告中提到了莲花峰度假小镇、白石山大剧院、白石山温泉度假区、国际房车营地、汽车影城等一批旅游新业态领头项目，其中莲花峰度假小镇、白石山大剧院都是涞源蔺家的产业。

蔺家的第一代企业家蔺 a 在 1994 年开办白云宾馆，2002 年开办第一家建筑公司，2004 年将产业扩展到养殖业、采矿业，创办了涞源县宏业养殖中心和涞源县太行煤站，养殖中心于 2006 年被关闭，煤站一直经营到 2011 年。一直到 2019 年，第二代企业家蔺 b 名下有两家建筑公司。

迄今，蔺家的第二代企业家蔺 b 共有 7家企业与其关联，6 家房地产开发公司和 1家文化传媒有限公司，并有外地资本如北京碧桂园置业、北京融华汇通投资公司、永清融华房地产开发公司向其公司的项目注资。从蔺家产业的发展轨迹来看，企业投资重心从农业、采矿业转向房地产开发、旅游业，同时逐渐有外地资本进入到涞源。

此外,农户孙某也通过生态养殖等起步,逐渐发展电商,打造出"柴鸡蛋"绿色产品,进而发展到专卖店,成为涞源特色农产品的一个重要典型。

3.3.3 涞源产业发展趋势基本判断

1. 未来产业发展一方面要满足"脱贫",另一方面要促进高质量发展

涞源是国家扶贫工作重点县,贫困发生率高达 16.7%(2017 年),导致这一现象的原因有两个方面。一方面,脱贫内生动力严重不足。另一方面,人们接受能力差,不能掌握和运用先进技术,在发展现代农业、特色产业方面难有突破。同时,缺乏技术使外出务工受限,以从事体力劳动为主。环京津贫困带属于生态型贫困,生态环境恶化导致区域经济发展条件的恶化直接抑制经济发展,这属于生态恶化型抑制;在更大的区域经济发展带中处于生态屏障和生态涵养区的地位,来自其他区域的生态保护的需要限制了其资源开发和利用,间接抑制了经济发展,这属于保护压力型抑制,如图 3-83 所示。

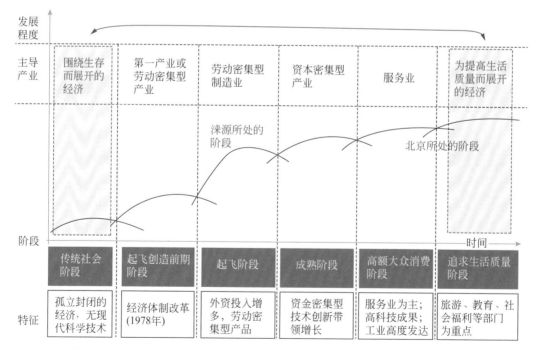

图 3-83　涞源县产业发展的"扶贫"和"高质量发展"双面向思路

涞源位于河北省保定地区西北部,太行山北端,是国家扶贫开发工作重点县、燕山—太行山连片特困地区重点县、河北省环首都扶贫开发示范区重点县,属于京津冀地区西北部生态涵养区。涞源贫困发生率高,人均收入低。2017年全县还有贫困村152个,占全县行政村总数的53%;贫困户17 045户、贫困人口34 129人,贫困发生率为16.7%,仍居高位。2017年涞源县城镇居民人均可支配收入22 923元,为保定市城镇居民人均可支配收入(27 859元)的82.3%,为北京市城镇居民人均可支配收入(62 406元)的36.7%;涞源农村居民人均可支配收入6863元,为保定市农村居民人均可支配收入(14 108元)的48.6%,为北京市农村居民人均可支配收入(24 240元)的28.3%。

截至2018年年底,涞源仍有未出列贫困村102个、贫困户7981户、贫困人口15 084人。这些贫困村仍然处于缺乏现代科学技术,以农耕为主,以种植粮食满足生存需求的阶段。从耕作条件来看,涞源多数土地不适宜耕作,盆地(县城)与山区种植条件差异大,城乡二元差异进一步拉大。从扶贫和致富角度出发,涞源还是要坚持农业的重要地位,围绕农业,发展"生产 + 加工 + 销售 + 休闲农业 / 乡村旅游",促进"第一、二产业融合发展"(农业 + 加工业,如轻工业、低碳发展等)、促进"第一、三产业融合发展"(农业 + 休闲农业、体验农业;农业 + 物流;农业 + 销售)。结合中国国情,重视专业大户、家庭农场、农民合作社和农业企业等经营主体;重视"地产地销""以销定产"、农超对接、农社对接的销售方式;重视城乡互动、产销对接和农工贸并举,积极探索"互联网 +"(物联网与互联网)、众筹、创客等新兴手段,培育新型职业农民。

目前在涞源基本形成了如下农业生产的基地和板块(见图3-84 ~ 图3-86):

(1)无公害谷子基地。以留家庄、金家井、东团堡、上庄、北石佛、涞源镇、白石山镇为重点。

(2)中草药基地。以北石佛中药材万亩核心示范区辐射带动南马庄、留家庄、水堡镇、白石山镇、烟煤洞乡形成10万亩(1亩 ≈ 666.67 m^2)涞源太行山中草药种植产业带。

(3)拒马河万亩设施蔬菜基地。

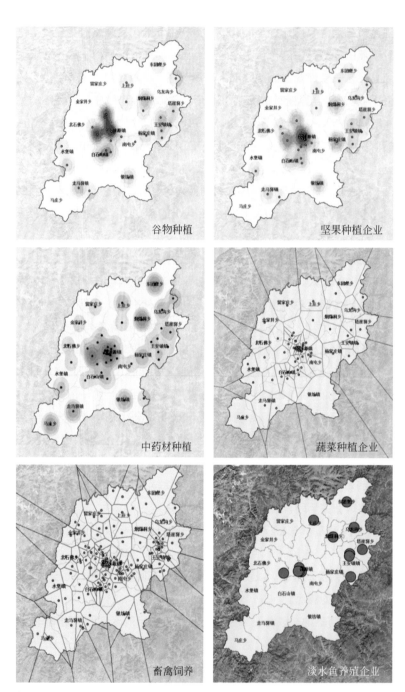

图 3-84 涞源农林牧渔业主要种植/养殖企业空间分布

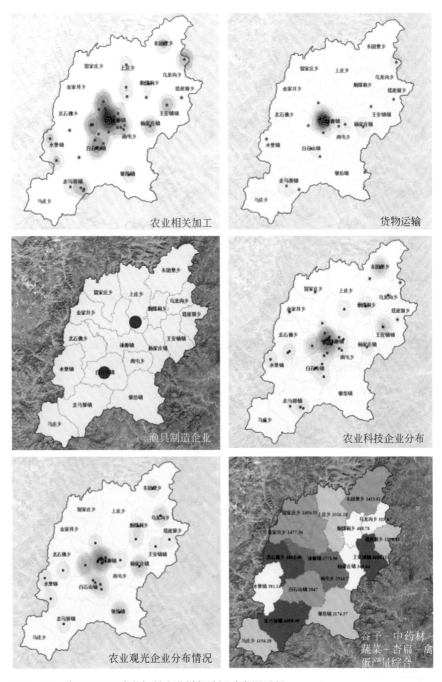

图3-86 涞源县不同农业相关产业链经济活动空间分布

优质小杂粮	优质核桃	生态养殖	山地中药材
· 合作：张家口农科院 · 主要分布：金家井乡、留家庄乡 · 种植面积：0.27万 hm²	· 利用核桃适生区优势 · 年产值超过8000万元 · 主要分布：走马驿镇、南马庄乡 · 种植面积：0.33万 hm²	· 利用山场、农作物秸秆 · 无公害养殖地产地认证企业 · 畜禽规模养殖场140个	· 中药材种植历史悠久 · 种植面积：0.14万 hm²

图 3-86   涞源县典型特色农业及发展梳理

（4）脱毒马铃薯基地。以东团堡、上庄为重点。

（5）优质专用玉米基地。主要集中在县城盆地、走马驿盆地及王安镇、塔崖驿乡。

整体上，涞源的特色农业有 3 个中心，分别是北石佛乡、东团堡、走马驿镇。西部北石佛中心辐射涞源镇、白石山镇、南屯乡、金家井乡、留家庄乡；北部东团堡中心辐射上庄乡、乌龙沟乡、烟煤洞乡、塔崖驿乡、王安镇；南部走马驿中心辐射银坊镇、马庄乡、水堡镇，如图 3-87、图 3-88 所示。

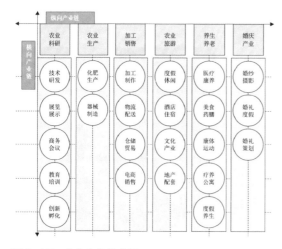

图 3-87   农业产业链分析

图 3-88   涞源特色农业空间布局图

2. 农业、采矿业、旅游业等的发展构造涞源城乡新格局

涞源的城乡格局曾经为县城—乡村二元结构，之后东部的杨家庄镇由于三线建设及采矿业发展，使涞源的城乡结构变为三元结构，即县城—杨家庄和其他乡镇。近年由于石山风景区的发展和采矿业的停摆，城乡老三元结构发生变化，新三元结构逐步显现。

3. 涞源产业发展要遵循京津冀协同发展与雄安新区建设的国家战略

2014 年习近平总书记提出实现京津冀协同发展，打造新的首都经济圈、推进区域发展；2015 年 4 月 30 日《京津冀协同发展规划纲要》指出，京津冀协同发展是重大国家战略，核心是有序疏解北京非首都功能。河北省的功能定位为"全国现代商贸物流重要基地、产业转型升级试验区、新型城镇化与城乡统筹示范区、京津冀生态环境支撑区"；2017 年 4 月 1 日，中共中央、国务院决定在保定市设立国家级新区——雄安新区，集中疏解北京非首都功能。保定成为首都功能疏解的支撑点、京津产业转移的承接地。

京津冀协同发展与雄安新区建设国家战略对传统的采矿业和其他污染性较高的行业带来了巨大的挑战，同时京津冀协同发展与雄安新区建设也为涞源的旅游业、高端制造业等带来了新的机遇。

1）涞源产业发展仍然要遵循自身的比较优势

涞源产业的比较优势包括：独特的农产品[①]和中草药条件[②]、独特的生态和旅游资源条件以及较廉价的劳动力和较低的土地成本，其中在矿产品开

---

① 目前涞源是"全国无公害谷子种植示范基地"和"全省虹鳟鱼良种繁育基地"，也是全国首批 28 个"国家优质核桃种植基地"之一。拥有"涞源"小米、"金乡小米"、"白石山"核桃、"嘴对嘴"杏扁、"桃木疙瘩"柴鸡蛋等 36 个优质商标（其中"涞源小米"为国家地理标志商标），以绿色、天然、无公害为主打品牌的涞源农副产品已经在北京、天津、石家庄、保定等城市的大型超市上架售售。山珍野味有"大八珍""小八珍"之说，"大八珍"指蕨菜、黑木耳、蘑菇、黄花、升麻、沙棘、猕猴桃、榛子。"小八珍"指苦菜、山韭菜、山蕨葱、木拉芽、石花菜、软地皮、代穗菜、山素子、苍术菜。

② 涞源山场广阔，气候多样，草木丰茂，药材种类多，质量上乘，年总产量达 500 多万 kg，居河北省首位，历史上有"南药北药"之说，"南"指安国，"北"指涞源。白石山、横岭子是主要产地。仅畅销的大路药材就有 150 多种，如黑柴胡、防风、桔梗、串地龙、玉竹、黄芩等。山民采药身负"十五斤"（七斤篓八斤镢），每逢夏秋季节农民结队上山采药。原来本有"水过千层网、网网有鱼虾"的说法，但近年来采刨过量，日渐稀少。

采等方面，如果能够解决污染、低附加值等问题，那么涞源仍然具有显著的比较优势和发展潜力，毕竟从发展阶段上来讲，涞源的人均 GDP 仍然较低，就业压力较大，扶贫压力依然较严峻，工业化阶段远远落后于保定，更远远落后于京津等城市地区。

《涞源县全域规划（2015—2030）》对涞源产业进行了以"一心三区"为核心的布局：以中部经济区（旅游产业综合服务区）为中心，北部经济区（生态农业示范区）、东部经济区（新型产业发展区，即经济开发区：以新材料、装备制造、信息产业、生态农业等产业为主）、南部经济区（矿产林果发展区）为三区。

2）涞源主导产业愿景

综上所述，从区域趋势和涞源县比较优势来看，未来涞源的主导产业愿景是：以科技驱动代替要素驱动，形成以创新为引领的产业结构，提供以创新为主导的产业空间，配置围绕创新活动的公共服务空间；加快新旧动能转换，推进产业供给侧结构性改革，着力突出质量效益，在产业空间供给上向优势产业、新兴产业和特色产业倾斜；以本地特色自然山水和历史人文资源为基础，大力发展旅游、休闲、文创、教育、医疗、养老等三产服务业，培育生态和文化魅力空间，创造新经济载体。

要重点解决好承接京津专业的产业和雄安新区辐射的产业，如图 3-89 所示。

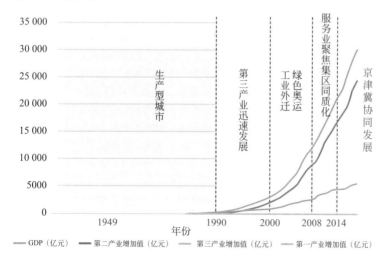

（a）北京经济发展逻辑

图 3-89　北京、涞源经济发展的逻辑时序变化对比图

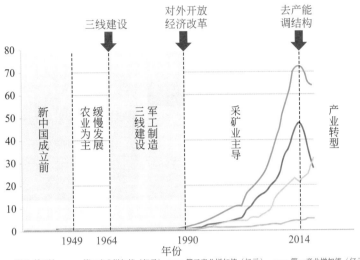

（b）涞源经济发展逻辑

图 3-89 （续）

（1）面向环境和生态舒适性的旅游业和冰雪休憩产业的发展。

（2）面向生态和环境友好的"创新产业"乃至"总部经济"（大数据储备等）发展。

（3）面向首都北京功能疏解的产业承接，如电子、机械制造等。

（4）面向雄安新区劳动力密集型、无污染的行业转移承接，如纺织服装等。

3.3.4 县域旅游：高质量产业发展目标导向

1. 旅游业具备带动涞源经济起飞的条件

成为能拉动经济起飞的行业需要具备一些条件。

首先，要有较高的资本积累，使生产性投资大幅度提高。近年来，涞源的旅游产业爆发式增长，旅游投资占据投资额的半壁江山（见图 3-90、图 3-91）。涞源的七山滑雪场、白石山大剧院、温泉小镇等项目的建成也充分说明旅游业具备这一条件。

其次，旅游业是能带动整个经济增长的主导产业。旅游业对 GDP 贡献大，能带动餐饮业、住宿业、房地产业等多行业的增长。截至 2018 年

图 3-90　围绕"水"稀缺性资源打造涞源湖新城　　图 3-91　围绕"山"稀缺性资源打造温泉小镇

10月底,涞源全县入境游客 173.1 万人次,旅游综合收入 13.85 亿元,白石山景区接待游客 115.4 万人次,景区综合收入 7639.2 万元。白石山景区的发展有效带动了周边农家院的发展和当地群众增收,目前全县共有农家院 289 家、县城高档餐饮企业 68 家,每年创造社会效益 10 亿元以上。

最后,涞源为吸引投资而对企业减税、为吸引人才而提供创业补贴等举措,说明旅游业对涞源的政治社会制度结构的变革起到了一定作用。因此,可以认为旅游业具备带动涞源经济起飞的条件,可将旅游业作为驱动涞源县经济的主导产业。

2. 旅游驱动经济发展的阶段分析

1）旅游 1.0：单一资源 起步阶段

保定市自古是"北控三关、南达九省、地连四部、雄冠中州"的"通衢之地",素有"京畿重地""首都南大门"之称。多条高铁贯穿,四通八达,并拥有全国最大的国内旅游客源市场和全国最大的自驾车旅游市场,是距首都最近、近邻大都市圈的综合旅游目的地。

在《保定市旅游业"十三五"发展规划 暨全市旅游产业提升规划》中提及"两带三区"的旅游业规划结构。其中,"两带"指拒马河生态文化旅游带和京保产业融合创新休闲带,"三区"指京西百渡休闲度假旅游聚集区、白洋淀湿地温泉购物旅游聚集区和古北岳文化生态旅游聚集区。

涞源处于拒马河生态文化旅游带的起点，处于京西百渡休闲度假区的关键位置，地处黄金区位，旅游资源得天独厚。

但现在涞源的旅游业处于白石山风景区一枝独秀的状态。这是由于涞源本地家庭、企业收入低，政府财政收入少，再加上拥有白石山这样的优质自然资源，外资向白石山涌入，因此，在白石山片区形成发展飞地。

单点旅游发展模式缺乏长效机制。从百度搜索热度分析可以看到，白石山的热度在不断降低。同时单点旅游发展模式会使得"中心—边缘"地区的差距加大，阻碍了其他地区低收入人群的发展。

涞源的发展也因此面临两个困境：一是消费水平提高影响本地生活水平。由于旅游业的发展，高消费、高收入的外地人来到涞源，使得涞源的消费水平提高，从而影响到本地居民生活水平。二是旅游业发展能否真正带来工作机会。劳动力价格提高，传统行业成本上升受到抑制，而低收入人群在旅游业难以收获技能，失业风险加大。

因此，认为涞源应进入旅游 2.0 阶段。

2）旅游 2.0：多点齐发　飞跃阶段

旅游 2.0 阶段，即政府通过移民搬迁解放低效利用地、带来劳动力，促使资本进入乡村，发展定制化生活，改变农民生产方式的阶段。

（1）城市集聚经济发展。雄安新区的建立导致土地价格上升，劳动力成本上升，传统劳动密集型制造业需要转移。对涞源进行区位熵分析，发现涞源具有较好的第二产业基础，具有承接京津制造业转移的优势。赫希曼（Hirschman）在《经济发展战略》中提出发展中国家应该先发展产业关联度高的产业，被后来学者理解为产业关联基准。他认为政府在产业规划和政策制定时，应考虑优先选择关联效应高的产业发展，以此带动整个区域经济发展。例如，涞源可以联动矿业冶金、装备制造、新材料、新能源等产业。

（2）乡村以农业为中心三产联动发展。通过对涞源农林牧渔业区位熵分析，发现坚果、中药材、林业产业在涞源集聚度高，具有区域优势；同时，涞源季节差异大、污染程度低，适宜发展无公害错季蔬菜，涞源南屯五十亩地蔬菜大棚是北京市场的定点供货地。2018 年北京市丰台区新发地市场共收购涞源县多种地方特产达 6000 多万元。拒马河、唐河流经涞源，使涞源有着得天独厚的水源条件。鳟鱼喜冷水，涞源冷水资源丰富，具有大规模养殖的条件。涞源拥有六旺川生态养殖公司为龙头的养殖大户,发挥"桃木疙瘩"牌柴鸡蛋品牌效应。

另外，结合各乡镇农林牧渔产品的产量进行综合分析，选择食用坚果、中药材、林产品、错季蔬菜、杂粮、鳟鱼、柴鸡蛋6种产品进行产地的规划布局。

在涞源镇南部、白石山镇北部、北石佛乡东部、南屯乡西部打造一个康养观赏中药材种植园。在留家庄乡南部；塔崖驿乡西部、王安镇北部、乌龙沟乡南部；马庄乡、走马驿、水堡镇山区打造3个食用坚果种植采摘观光基地。

充分利用涞源全域的自然、文化资源，打造全域旅游、定制体验。

3）旅游3.0：旅游名片 稳健阶段

打造涞源旅游名片，使涞源旅游业获得稳健发展。名片一：户外运动爱好者集聚乐园。构建"七山滑雪观日—太行山生态徒步—仙人峪惊险攀岩—长城骑行观光—唐河/拒马河休闲渔趣—空中草原夜观星海—横岭子森林探险"旅游线路。名片二：养生爱好者休闲康养桃源。构建"白石山温泉康养—中药材花海观光—森林氧肺清神—拒马河闲坐舒心--青山竞走强体"旅游线路，如图3-92～图3-97所示。

图3-92 涞源空中草原独特的气候和垂直分带

图3-93 涞源空中草原中的万年冰窟

图 3-94　太行山的壮丽景观

图 3-95　作为太行山之首的白石山拥有独特地质地貌

图 3-96　涞源面向户外和康养的旅游定位
（图片来源：网络）

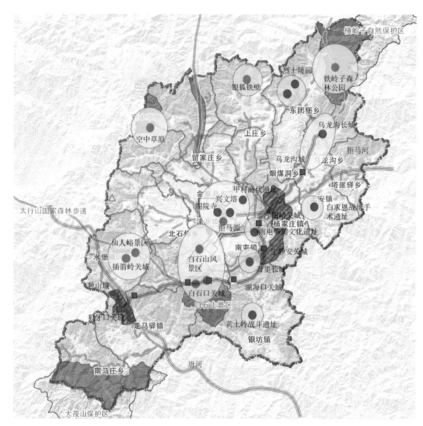

图 3-97 涞源旅游发展空间规划

3.3.5 从县域旅游到县城高端产业发展

1. 产城融合

在县城范围（新规划）布局历史文化旅游核心区、制造业发展区、科技创新区，挖掘县城投资增长点，即老城片区、涞源湖片区、白石山高铁新区。老城片区吸引投资的依托点在于：①涞源中心城区，拥有可达性高、集聚条件好的区位优势；②历史文化资源丰富；③低效待更新地区，土地升值空间巨大。涞源湖片区吸引投资的依托点在于：五山一湖，环境优越。白石山高铁新区吸引投资的依托点在于：①重要交通运输基础设施；②靠近白石山旅游高地；③待开发地区，土地升值空间大。结合酒店民宿业、优质零售业、办公、高端住宅等旅游服务业，保证城市经济稳健运行，从而带动多行业发展，如图 3-98、图 3-99 所示。

2. 创新驱动的产业发展空间布局

在北京的影响下，科技创新、文化创意、高端会议等产业极有可能落户涞源。涞源的资本积累从"资本＋矿产"的初始资本积累，变为"资本＋土地"的二次资本积累，进而转向"资本＋技术""资本＋人才""资本＋优质环境"的三次资本积累；从维持生存开展的经济，转向为高质量生活开展的经济，构建出"城是城，乡是乡"的"活力城市＋美丽乡村"发展新局面，如图 3-100 ～图 3-104 所示。

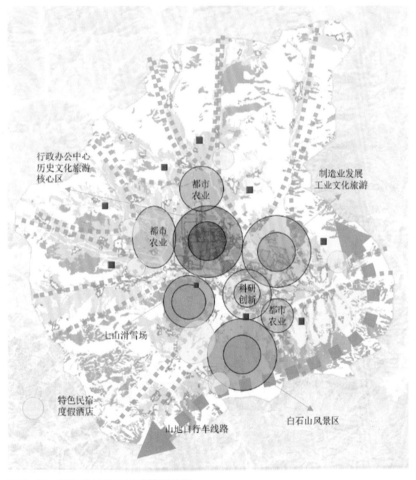

图 3-98 涞源盆地地区用途管制结构

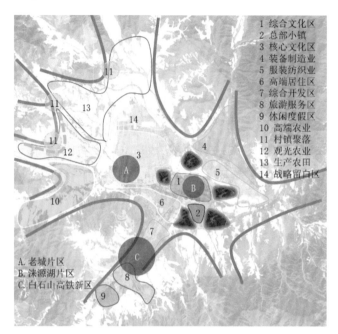

1 综合文化区
2 总部小镇
3 核心文化区
4 装备制造业
5 服装纺织业
6 高端居住区
7 综合开发区
8 旅游服务区
9 休闲度假区
10 高端农业
11 村镇聚落
12 观光农业
13 生产农田
14 战略留白区

A. 老城片区
B. 涞源湖片区
C. 白石山高铁新区

图 3-99　涞源盆地功能组团分布

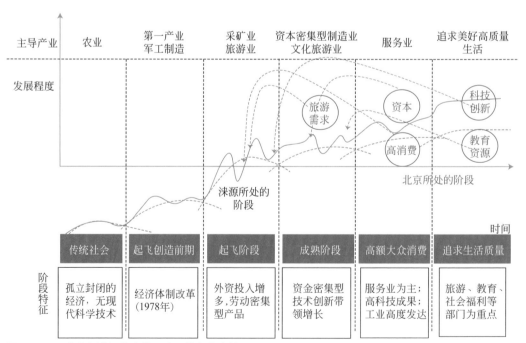

图 3-100　北京和涞源的产业—阶段等变化比较

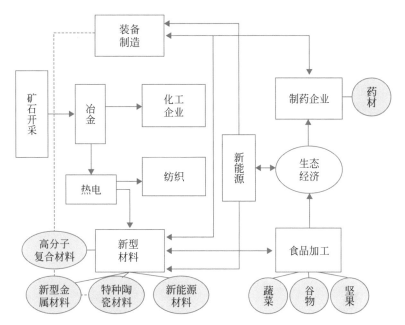

图3-101　涞源制造业产业链

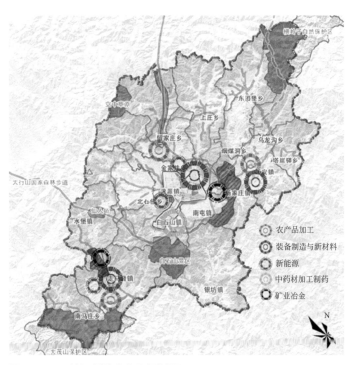

图3-102　涞源制造业布局规划图

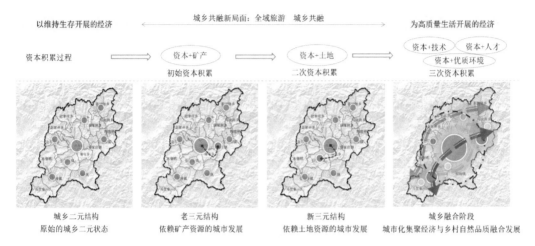

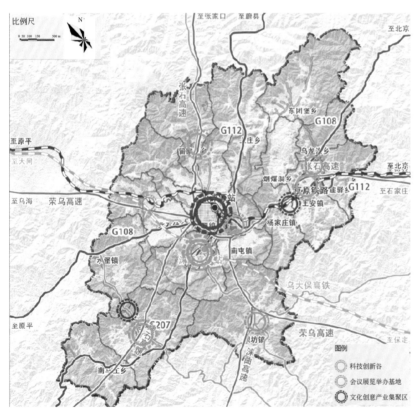

图 3-103　城乡共融新局面：全域旅游　城乡共融

图 3-104　北京影响下科技创新、文化创意、高端会议等产业可能选址涞源

3.4 美丽经济：景观风貌

"绿水青山就是金山银山"，既反映了生态功能价值，又反映了其背后的美丽经济。以至于有"从卖矿石到卖风景，从靠山吃山到养山富山""美丽风光变身美丽经济，生态红利催生自觉行动"等景观都市主义相近理念。

城市风貌设计被视为展现城市活力、刺激经济增长、延续地区文脉、提高人居环境质量的手段之一。涞源县的风貌设计很重要的一个目的就是要突出其"山水城市"特色，因此，需要关注建筑与山水的关系，城区内山水体系与大区域山水格局的关系。

关于风貌设计，凯文·林奇（Kevin Lynch）提出了在城市尺度处理视觉形态和城市意象的方法。他提及 5 个构成意象的因素：道路、边界、区域、节点、标志物，从人的视角直观感受城市。这些因素是构建认知地图的基础，它比空间拓扑关系更为具体，但比地图又更为抽象和主观。

3.4.1 整体形势之貌之意向

1. 县域自然之势：太行山脉、恒山山脉、燕山山脉交会，两河之流域

涞源主要地形为山地，平均海拔在 1000 m 以上，最高点为犁华尖，海拔 2144 m，而白石山海拔也达到了 2096 m。涞源盆地面积 120 km²，地处涞源县中心，海拔 808 m，最高处 902 m，整个盆地地势西北高、东南低。涞源县境内河流属于海河水系，因地势西高东低，向渤海流去，入海口位于天津。海河水系分布像一把大蒲扇，众多支流在天津汇合，海河正是这把蒲扇的柄，如图 3-105 所示。

2. 县城自然之形：盆地围合，层峦叠嶂，水之源头

涞源中部为面积 120 km² 的盆地。最高山峰为白石山，海拔达 2096 m。涞源盆地，地处涞源县中心，海拔 808 m，最高处 902 m，整个盆地西北高、东南低。山景交融。涞源结合山脉格局的选址颇有讲究，七峰山与石门山向城内延伸，续太行山脉之脉络。城南两座山——牛心山①

---

① 牛心山下西侧设有牛市，每逢七月初七即传统的七夕节，九州十八县的牲口贩子都要聚集到此处交易牛。约定俗成，每头牛的头上都要戴用野花编成的花环。

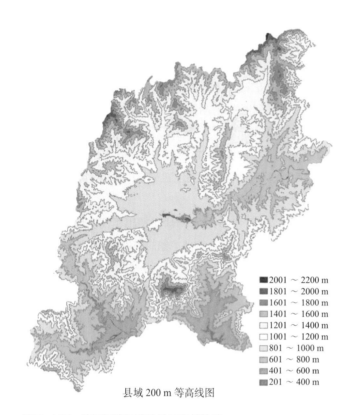

县域 200 m 等高线图

图 3-105　涞源及涞源盆地地区自然地形

和七山①，有一定的风水意义，如图 3-106、图 3-107 所示。

　　泉城和五龙戏水。涞源有"泉城"之美誉，拒马源、易源、涞源分布于涞源县城，于县城东南角汇入拒马河，顺势东流。拒马河源头地带泉眼众多，拒马泉发于七山脚下，位置尤为重要。一系列泉眼形成拒马河湿地，营造独特景观。涞源县城周围山脉与城中水源形成"对偶"之景。七峰山、香山、青龙山、凤凰山（飞狐山）、神仙山（牛心山）聚首源区，从西南面包围水源地。当前，涞源县一个很好的举措是设置了湿地国家公园和涞源湖。

---

　　① 七山：涞山一山分七峰，又名"七山"或者"七峰山"，涞源十二景"镇海晚霞"中的镇海禅寺就位于七山山麓。七山俗称南山，史称涞山。因山有七峰而被称作七峰山，简称七山。还因七与旗同音，长期的口口相袭，演绎出杨六郎练兵插旗的传奇故事，因此又叫旗山。

图 3-106 涞源盆地自然地形模拟

图 3-107 从白石山看涞源盆地模拟

利用天然水源，扩大水面，形成景观开阔的涞源湖，形成新城区的核心景观，如图 3-108、图 3-109 所示。

由于受七山至十里湾地层断裂带的切割而构成阻水，所以在水云乡村以西，形成了 3 组岩溶上升泉，分别为北海泉、南关泉和老龙溏，为纪念拒马河曾叫易水、涞水，至少在清代之前就将 3 组泉命名为涞水源、易水源和拒马源。拒马河自上而下，顺势于太行山山脉大峡谷中，自西向东，流经十渡，从一渡到华北平原，水量少时入白洋淀，水量大时入渤海，拒马河

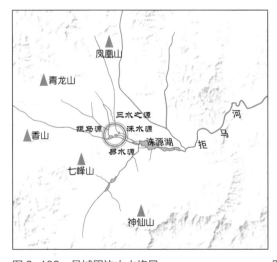

图 3-108 县城周边山水格局

图 3-109 涞源县城周边的聚落和山水格局拓扑关系

是华北地区污染最小的河。

涞源盆地东部的基岩为巨大的燕山期花岗岩，自银坊、白石山至乌龙沟，达 600 多 km²，而且岩体埋藏深、出露高，同样形成了阻水，由此，在石门村东南山口即南屯大桥与水云乡村之间，又生成了 4 组泉群，分别是石门泉、杜村泉、泉坊前泉与泉坊后泉。这 7 组泉群共同成就了拒马河源头。

山水与城市格局进一步相融，形成山水筑城的格局。涞源群山环抱，太行余脉。群山环抱，藏风聚气风水宝地；余脉蔓延，连绵不绝神韵不断。涞源水系串城，穿行山门。凡江河所达之地，栖水筑城。内外山环会于水口，送水东流。涞源山水城池，交相辉映。群山环城，而水系串城；格局灵动，与山水互嵌。

县城微地形多样。涞源县城顺势而建，建于盆地中央，整体地势西高东低，因而河流自西向东流。县城内有微地形起伏，高程差小于 200 m。烟墩山为城内制高点，对外交通路网沿山麓分布。

3.4.2 "五城之城"之风及山水城文化艺术骨架

涞源被誉为"五城之城"，即凉城、山城、古城、泉城、佛城，这构成了涞源的重要城市意向认知。也正是这种城市之风，让涞源近些年无论在旅游开发还是在区域中的地位，都得到充分的彰显。其实这五城就是在整体山水地理基础上，充分考虑了人居构成和意境表达，如图 3-110 ～图 3-113 所示。

山地形态塑造了城区用地形态，涞源旧城位于七山、石门山西北侧，格局方正，现向东发展，形成以七山、石门山为中轴的两翼，山脉融于城区之中。

不仅涞源古城在营建时充分遵循了涞源之水特色，即使在当前城市框架拉开之时，涞源之水特色依然是城市发展的重要依托。涞源目前的发展方向是往东南，其远处是白石山方向，近处则依托拒马河河道，通过橡皮坝蓄水，形成了城市的开阔水体——涞源湖。

图3-110　涞源县城及其发展方向上的山水景观　　　　图3-111　老城新城之间的泉水空间分布

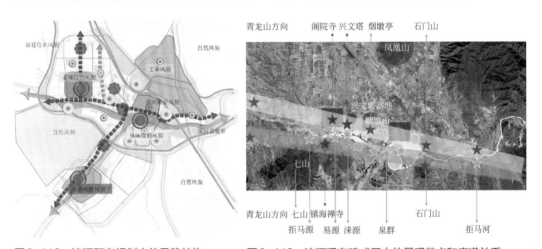

图3-112　涞源既有规划中的风貌结构　　　　图3-113　涞源现有建成区中的景观节点和廊道关系

3.4.3　涞源县域风貌与景观单元分区

1. 景观序列分析

　　首先，通过地形，将涞源分为5个单元；其次，以公路为行进路径，分析在公路上能获得的景观视野，采取300 m单位间隔选取视点；最后，得到重要的景观节点和景观视廊，如图3-114、图3-115所示。

　　涞源全县为盆地地形，全域地势总体形态为四周高中间低。

　　（1）拒马河单元：拒马河发源地，以此为中心，形成9人沟谷，向四

图3-114 涞源县域景观单元划分

图 例
—··· 省界
—— 地级行政界
— 县级行政界

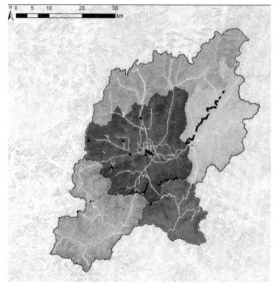

图3-115 涞源县域不同景观单元的景观路线

周延伸出 4 个亚单元。

（2）唐河单元：单元内有自西向东的过境河流唐河。

（3）乌龙沟单元：内有乌龙沟长城，是拒马河入易县的通道。

（4）北山单元：平均海拔在 1300 m 以上，形成视觉屏障。

（5）银坊单元：形成一个小盆地，有一支泉流汇入唐河。

2. 景观视点分析

基于主要景观节点选取涞源内最佳视点，可根据视点的可见性分析得到涞源各地区景观的可见性及其价值，进一步将涞源划分为景观开发区和生态保护区，如图 3-116 所示。

在将涞源划分为 5 个单元的基础上，以公路为行进路径进行视域分析。

第一，拒马河单元、北山单元、乌龙沟单元通视性好，形成"一大三小"的主要景观节点（白石山、横岭子、空中草原、乌龙沟），与目前开发的主要旅游景点相吻合；同时形成两条通往蔚县、一条通往涞水 / 易县的景观廊道。

第二，唐河单元和银坊单元景观相对独立，形成两个小盆地，是从阜平县、保定城区进入涞源的门户。

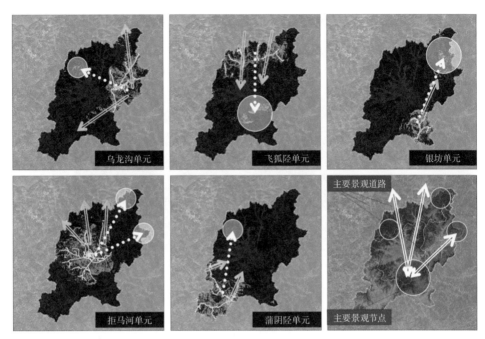

图3-116　涞源县域不同单元的景观道路和景观节点

3. 细分风貌区域

结合涞源的生态本底条件，进一步细分5个区域，指导后续生态修复、空间管控的相应措施，如图3-117～图3-119所示。

（1）城市聚落区：主要建成区，应该注重城景交融，保证视廊通常性。

（2）景观适宜开发区：可视性好且生态资源良好，可以做适度开发，提高生态价值。

（3）生态景观潜力区：可视度高，但资源条件一般，应该作为生态修复的重点区域。

（4）生态景观重点保护区：全域可视度最高区域，成为涞源重要景观背景和视觉焦点，应该注重生态风貌。

（5）生态资源重点保护区：区域相对独立，可视性不高，应该注重生态资源涵养。

基于主要景观节点选取涞源内最佳视点，在空中草原、乌龙沟、横岭子区域以散点状分布，在白石山沿山背一线分布。

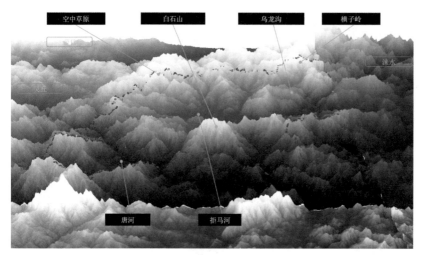

空中草原　　　白石山　　　乌龙沟　　　横子岭

涞水

唐河　　　拒马河

图3-117　涞源县及其周边地区的地形模拟

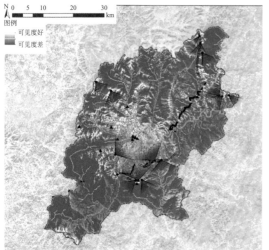

图3-118　涞源县的景观制高点可见度分析

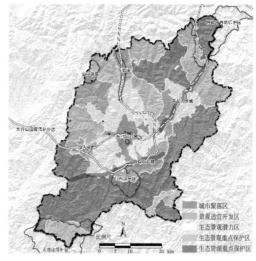

图3-119　涞源县与景观单元划分

3.4.4　城区风貌——眺望点和观山视廊

城区内主要的眺望点如图3-120～图3-122所示。

（1）兴文塔、阁院寺：重要的历史建筑，是居民、游人欣然前往的代表景点，其周边景观具有代表性。

凤凰山

阁院寺向北看，可见飞狐峪峡谷之地，山势险峻，近山远山层层递进

青龙山

阁院寺向西看为青龙山，是环山中山势最为陡峭之地，奇雄险峻

凤凰山

兴文塔向北看，可见飞狐峪，山势险峻，呈现"两峰夹一峰"之景

白石山

七峰山

兴文塔向南看，以七峰山为近景，白石山为远景，层次丰富

中　远

近

烟墩山向北看，有近、中、远 3 层山脉，近山轮廓完整，而远山天际线被高楼打破

烟墩山向东南看，为涞源湖方向，高楼遮挡，景观被破坏

涞源湖向北看，山势整齐，连绵不绝，城市之景应与其呼应

涞源湖向南看，近处有山，坡度较缓

涞源湖向东看，可见近处石门山，和蒲阴陉去处，山势险峻

涞源湖向西看，可见远山，轮廓柔和，与城相融

图 3-120　涞源县不同眺望点主要方向的景观模拟

图 3-121　涞源县城范围的景观眺望点选取　图 3-122　涞源县的聚落和微地形关系

（2）烟墩山、涞源湖：现代建设的公园，景观开阔，适宜观景，是城市面貌的展示窗口。

烟墩山山顶为涞源县城制高点，于 2018 年 9 月开园，成为当地居民周末休闲好去处。山顶烟墩塔视野开阔，景观良好，适合驻足远望，是重要的观景点，如图 3-123 所示。

不和谐景观：烟墩塔远眺，近景为树林，中景为城市景观，远景为环山，层次丰富。良好的城市景观应当与山脉起伏相呼应，不宜过高，否则遮挡远处楼房，且和山体大小比例不和谐，打破山脉连续性。

（a）眺望点——烟墩山公园　　　　　（b）烟墩山看向老城和七山方向

图 3-123　烟墩山上看涞源盆地（摄影：李楷）

（c）烟墩山看向牛心山—白石山方向

（d）烟墩山看向白石山方向

（e）烟墩山东偏南看向涞源湖方向

（f）烟墩山看向东北方向

（g）烟墩山看向凤凰山方向

（h）烟墩山看向老城和西北方向

图3-123 （续）

3.4.5　风貌总体判断

涞源在整个华北地区、京津冀地区、京畿地区具有极其重要的景观风貌特色和地位：长城体系、水体系、山体系和古建体系、特殊气候区。

涞源总体来讲，山水、人文资源突出，具有重要的风貌意向显示度：长白山、拒马河、军事文化、宗教文化、山水文化等。

涞源古城总体格局完整，除了个别建筑外，高度控制、体量控制等基本能够彰显其独特的山水特色、人文风貌和古城底蕴。

涞源城市建设基本发挥了其拒马河、七山、白石山等自然资源特色，但新城建设局部地段高度控制不够。

3.5　分异与融合：涞源城市化和多元城市主义

3.5.1　涞源人口及城镇化概况

根据第 7 次人口普查数据，涞源县常住人口 248 890 人。比 2010 年少了 11 783 人，降幅达到 4.52 个百分点。常住人口常年少于户籍人口，呈现显著的人口净流出的趋势，且老龄化严重，2020 年老年人比例高达 15.50%，如表 3-3 所示。

表 3-3　2000 年以来涞源县及各乡镇人口变化

乡镇名城	2000 年常住人口 / 人	2010 年常住人口 / 人	2020 年常住人口 / 人	2000—2010 年增长率 /%	2010—2020 年增长率 /%
涞源镇	65 695	92 691	14 0219	41.1	51.3
银坊镇	14 092	12 087	8679	−14.2	−28.2
走马驿镇	15 700	15 078	9046	−4.0	−40.0
水堡镇	6552	6787	3658	3.6	−46.1
王安镇	15 213	14 163	10 040	−6.9	−29.1
杨家庄	15 037	13 939	5263	−7.3	−62.2
白石山镇	17 466	15 488	14 230	−11.3	−8.1
南屯镇	9251	8622	5411	−6.8	−37.2
南马庄乡	10 105	8457	5581	−16.3	−34.0
北石佛乡	17 127	17 310	11 592	1.1	−33.0
金家井乡	12 399	11 126	7431	−10.3	−33.2

乡镇名城	2000 年常住人口 / 人	2010 年常住人口 / 人	2020 年常住人口 / 人	2000—2010 年增长率 /%	2010—2020 年增长率 /%
留家庄乡	6173	5622	3161	-8.9	-43.8
上庄乡	13 502	11 920	7799	-11.7	-34.6
东团堡乡	14 103	12 011	8107	-14.8	-32.5
塔崖驿乡	6463	6664	4551	3.1	-31.7
乌龙沟乡	6197	5899	3602	-4.8	-38.9
烟煤洞乡	5715	2814	520	-50.8	-81.5
合计	250 790	260 678	248 890	3.9	-4.5

极其快速的城镇化进程。2010—2020 年，每年的城镇化率超过 2 个百分点。其中，2010 年的城镇化率仅仅为 30%，而到 2020 年已经达到 65.5%。

人口就近城市化极为显著。根据 2000—2020 年的人口普查数据变化，除了涞源镇外，其他的乡镇都是人口下降。从表 3-3 可以看出，人口向县城的集中非常鲜明且加速。2000—2010 年涞源镇的人口增长率为 41.1%，2010—2020 年则变成了 51.3%。

与此同时，除了毗邻县城、景观资源极佳的白石山镇外，其他乡镇人口减少率都超过 28%。相对而言，东部和东南部的两个重点镇——王安镇、银坊镇的常住人口减少相对缓慢，但也高达 29.1% 和 28.2%。

曾经的煤炭等矿产资源丰富和采掘业发达的烟煤洞乡和杨家庄，更是衰落得厉害，人口在 10 年中分别下降了 81.5% 和 62.2%，烟煤洞乡的常住人口从 2010 年的 2814 人减少到 520 人，杨家庄镇的常住人口则从 13 939 人急剧下降到 5263 人。

2000 年时，在涞源的 17 个乡镇，人口超过 1 万人的乡镇为 11 个，到 2010 年变为 10 个，到 2020 年则只剩下 4 个，减少了 6 个。人口的首位度，从 2000 年 3.76% 增长到 2010 年的 6.0%，进而进一步增长到 9.9%。

人口就业方向的转变。基于年鉴数据，涞源县的人口就业方向有两个主要趋势。第一，是消费导向行业的就业增长，包括水利、环境和公共设施管理业；批发和零售业；文化、体育和娱乐业等的服务业。第二，是传统的两大主要就业方向的缩减，分别是电力、热力、燃气及水生产和供应业；采矿业，如图 3-124 所示。

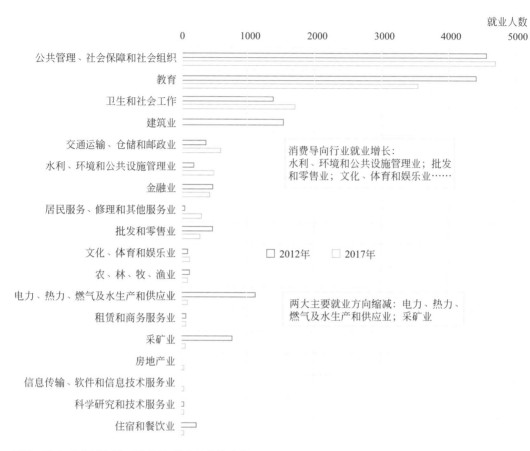

图 3-124　涞源 2012—2017 年就业行业的变化

3.5.2　新城市主义——涞源城镇化的多路径识别

　　涞源县的城镇化路径经历了几十年的演变。在 20 世纪，涞源县主要依靠初级要素驱动的城镇化，包括采矿、钢铁业发展推动的城镇化，以及农业发展推动的城镇化。在 21 世纪初，随着私采滥开对生态环境的破坏，涞源追求新的城镇化转型动力。正值 2006 年地质公园申遗成功，2008 年北京举办奥运会。于是，涞源发挥自身山水特色，大力推动与旅游业相关的消费驱动城镇化。未来，随着发展的全面化与多元化，将会有更多的城镇化路径，但旅游驱动仍将是主要动力。此外还将涵盖生态驱动、公共设施驱动、扶贫驱动、科技驱动等多元动力驱动的城镇化，如图 3-125 所示。

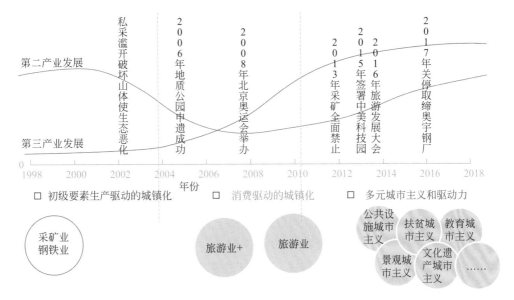

图 3-125 涞源县不同阶段的城市化变化及其多元形态

　　过去的 10 年里，涞源经历了一个非常特殊的城镇化过程。这种特殊性
除了以年均超过 2 个百分点的城镇化水平外，还突出表现为以"转型和动
力转换"如下几个方面：

　　（1）生态文明理念下的城镇化（绿水青山就是金山银山）。

　　（2）走出贫困县的城镇化（低人均 GDP 水平的城镇化、扶贫城镇化）。

　　涞源县纳入统计的贫困人口 29 124 人，其中小学文化及文盲半文盲
人口占比 71.13%；一方面导致思想观念落后，固步自封，不思进取，脱贫
内生动力严重不足；另一方面接受能力差，不能掌握和运用先进技术，在
发展现代农业、特色产业方面难有突破。同时，缺乏技术使外出务工受限，
以从事体力劳动为主。

　　（3）京津冀协同和雄安新区建设国家战略下的城镇化。

1. 初级要素推动的传统路径

1）资源驱动的城镇化

　　短期内高速发展。涞源县依托其自然矿产资源，早期大力发展采矿产
业以及其上下游产业。工矿开发使得人口与城镇经济在短期内有飞跃式上

升，同时，为了满足工矿业的运输、贸易需求，工矿业相关基础设施也得以发展，综合形成了以矿区为集聚核的城镇化。全县范围内主要的几个采矿区分别在水堡镇、杨家庄镇、乌龙沟乡、涞源经济开发区。其中杨家庄镇是最为典型的因工矿而兴的乡镇。

后期衰退，寻求转型。涞源的矿业在经历几十年的发展后，显现出了其局限性，包括生态破坏严重、后期动力不足等。因此，在涞源自身发展需求与上位区域生态定位的双重要求下，矿业不再成为涞源县的主导城镇化动力。

2）农业驱动的城镇化

涞源县全县拥有多个农业园区，可以打造一乡一品的特色农业，包括无公害食用菌、中草药、绿色果蔬等。同时，采用"人＋土地＋资本＋技术＋管理＋规模"的现代农业发展模式，打破了过去以户为单位分散经营的"小农"格局，实现了土地的集约使用和适度规模经营。此外，将旅游业与农业相结合，打造集食用菌、蔬菜、杂粮种植及果树栽植、生态养殖、生态休闲旅游为一体的农业综合开发项目。

2. 涞源发展中存在的新路径

2010 年以来，采矿业受到极大遏制，旅游业成为涞源发展的重要新动力。在旅游业发展的土地生产要素作为重要空间生产的驱动下，多元的城市化动力由此而生。

1）旅游城市主义

城市居民消费需求的转变，推动了涞源县旅游产品的丰富化。同时旅游发展大会、北京冬奥会等大事件也进一步推动了旅游设施的建设、提高了涞源县的知名度、加快了旅游业业态的扩展。涞源县的旅游逐渐由白石山观光旅游"一枝独秀"转向"众星拱月"的业态新格局，翻开了全域旅游、全年旅游的崭新篇章，涞源县的旅游吸引力得到大大提高。

旅游业正成为涞源富民强县的战略性支柱产业。涞源县的旅游发展产生直接就业岗位，由旅游带来的消费人群，带动了景区周边及景区道路沿线各村发展农家乐、民宿。同时，消费性旅游产品的增长，为旅游业创收提供了更多的渠道。通过产业延伸与产业融合逐步实现旅游致富。提出"不断拉长旅游产业链条，实现第一、二、三产业融合发展"的发展策略。

2017 年，涞源全县共接待游客 192 万人次，第三产业增加值占 GDP 的比重上升到 48.7%，创造了 10 多亿元的社会效益。

更重要的是，对当前的地方政府而言，涞源县通过打响旅游名片，改善投资环境。"土地财政"成为涞源的重要收入渠道，如图 3-126 所示。

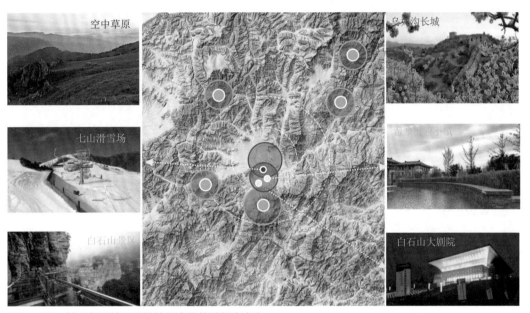

图 3-126　基于舒适性和稀缺性要素的旅游都市主义

2）生态/景观城市主义

近年来，涞源县利用县城地处丘陵、河谷的优势，突出山、水、泉、林、城的特点，合理规划布局，对包括 3 大公园在内的 12 个公园全部进行建设和改造提升。城镇环境提升改造为涞源带来了以下 3 种效应，如图 3-127～图 3-129 所示。

（1）区域效应——京西生态涵养区。涞源县内，拒马源、涞水源、易水源三水同源，在区域范围内承担极其重要的生态功能。涞源县建设的拒马河湿地公园带来极大的区域层面生态价值。

（2）新城建设——涞源湖周边。在涞源湖项目的北岸，兴起大型房地产"宏伟山水城"的开发项目，在带来人口的同时，也推动了附近涞源小学、涞源一中等配套设施的建设。

图 3-127　生态绿色（景观）城市主义的涞源实践

（3）旧城更新——拒马源公园等。河北中兴基业集团开发建设的涞源体育公园正式开园，公园以环路串联各绿化组团和健身设施。

3）扶贫城市主义

（1）异地移民搬迁。人口向县城、中心镇集中。涞源"十三五"移民搬迁计划，完成 15 244 户、43 535 人的搬迁任务，是全市乃至全省搬迁人口最多、搬迁任务最重的县。该县计划把贫困人口中的 47.5%，从环境

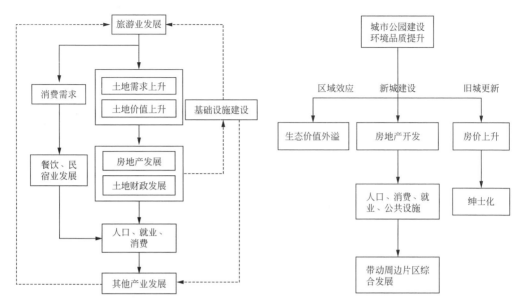

图 3-128　涞源县的旅游城市主义逻辑及其效应　　图 3-129　绿色 / 景观城市主义逻辑及其效应

条件恶劣的区域搬迁到生存条件更好的地区。第一批移民搬迁已完成 28 个村，1.2 万人搬迁至白石山镇、县城等几个安置区，直接使得人口向县城中心镇集聚。实际上，县城 2010—2020 年期间的人口增长一定程度上也受政府移民搬迁的影响。

安置片区与产业园区"两区同建"。在白石山、县城的集中安置片区周边，均配套建设了迁建区产业园，并且积极与县外资本合作，吸引劳动密集型产业进驻。解决搬迁人口就业问题的同时，也向企业输出劳动力。同时，移民搬迁腾出的乡村用地，由政府统一规划，进行乡村土地综合再利用，打造生态涵养区、休闲度假区，或者乡村旅游区。

（2）扶贫城市主义——资本下乡。涞源县这几年进行的小规模村庄合并、拆迁等工作，进一步推动了人口集聚过程。除搬迁扶贫外，资本下乡式就地扶贫覆盖 118 个村、共投资 3.06 亿元。涞源县整合上级补助、易地扶贫搬迁、北京市丰台区、华夏幸福基金对口帮扶等多方资源，对全县 23 个深度贫困村基础设施和公共服务设施提升项目重新安排，科学规划，实施水电路汛防等基础设施及教育、卫生、文化等公共服务设施改造提升。进一步实施公共设施的均等化。另外，改善农村条件，使得村民得以创收致富。例如，十八盘村毗邻空中草原景区，村庄经过改造之后，时有游客在此落宿，民宿业得以发展。同时，华夏幸福为其建设现代化马厩，为十八盘村的骑马旅游体验产业提供了更好的发展条件，如图 3-130 所示。

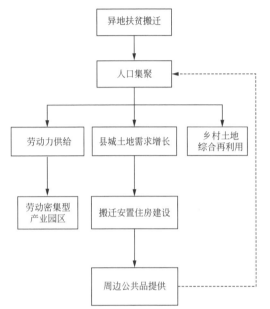

图 3-130 扶贫城市主义逻辑及其效应

（照片来源：网络）

3. 教育城市主义

教育资源向县城集中，推动城镇化。近年来，涞源县教育资源的空间分布也发生了不少变化：农村小规模学校实行"撤点并校"，而县城则新建多处学校，旨在做大做优县城教育，以提供更优质的教育资源，教育资源布局明显向县城倾斜。

宏观上说，优质的教育能够吸引人口从乡村向县城集聚。同时，教育设施的优化也可直接带动周边的居住人口数量提升，进而推动其他配套设施，以及就业的发展，从而形成教育设施与空间城镇化的联系。比如，涞源一中的迁址，带动了新城区的人口迁入与开发建设，如图 3-131、图 3-132 所示。

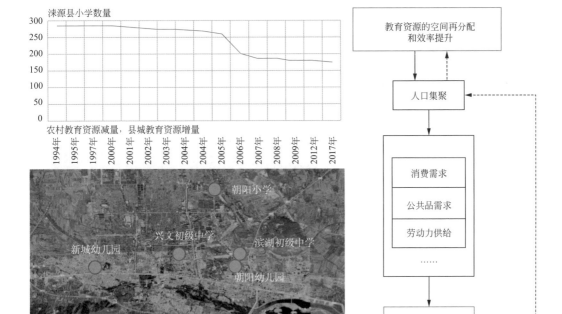

图 3-131 涞源生态结合教育的城市主义实践　　　　图 3-132 教育城市主义逻辑及其效应

3.5.3 空间表现——涞源城镇建设用地的变化与增长

1. 总体表现及变化

从总体上对涞源历年建设用地的数据进行分析，城镇边界在北侧和东侧有显著的扩展，这与西南山体的约束直接有关。同时，随着中心县城规模的扩大，周边的若干村镇逐步被纳入县城，进行统一管理。

整体上来看，城镇空间增长的模式主要有 3 种，分别是沿交通轴增长、跨越式增长、填充式增长。过去主要是以自然增长的沿交通轴增长和填充式增长为主，增速较慢。近几年，由大事件、产业园等外力介入的非自然的跨越式增长的作用愈发显著，如图 3-133、图 3-134 所示。

2. 典型微观地区的城市化表现

烟墩山公园、百泉公园、涞源体育公园这 3 大公园是涞源县城公园绿地建设（或者绿色城市主义、景观都市主义）的一个缩影。在这些公园周围，

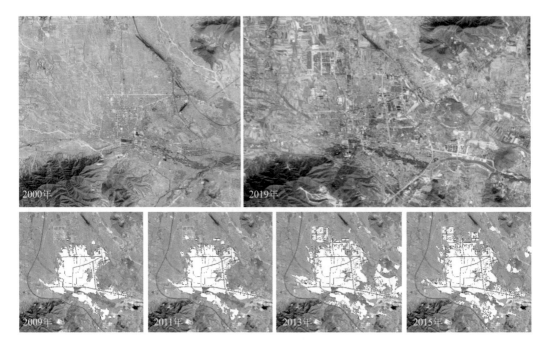

图 3-133　2000 年以来涞源县城不同城市化模式下的空间用地变化

A. 沿交通轴(交通节点)增长	自下而上	自然增长	原 新
B. 跨越式增长	自上而下	外力介入	原 新
	比如：大事件、产业园、搬迁安置……是加速增长的重要动力		
C. 填充式增长	自下而上	自然增长	原 新

图 3-134　2000 年以来县城用地增长变化的空间模式

兴起了房地产和其他配套设施的建设发展。

　　景观都市主义结合教育城市主义的一个微观单元。涞源湖与湖北侧的地区开发同步进行，宏伟山水城 1 ~ 4 期开发、涞源第一小学滨湖校区以及涞源中学新址。

　　扶贫城市主义的微观表现。比较典型的是北片区福泽园社区，其作为易地扶贫搬迁居民 1954 户、5680 人安置社区。此外建成配套设施以及产业园，实现搬迁人口的就近就业。

旅游都市主义结合扶贫城市主义的微观代表地区——白石山新区一带。2010 年以前，该区域发展相对缓慢，2014 以后产业园区、安置片区、白石山大剧院相继建设，也有不少零散的工厂选址于此。2019 年白石山七彩薰衣草景区建设，出现大型风景区项目，进一步提升了白石山区域发展力，如图 3-135 所示。

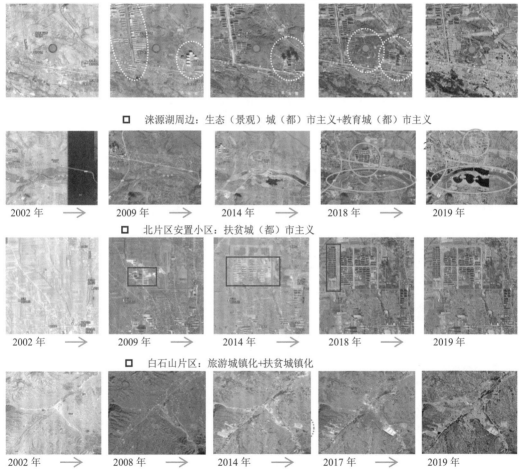

图 3-135　2002 年以来不同城市化的典型微观地区

3.5.4 涞源城镇化逻辑归纳与趋势判断

1. 城镇化的逻辑归纳

实际上，涞源县的城镇化涉及涞源县内部城乡之间要素的互动，以及涞源县之外的区域与涞源的要素互动。

1）县域层面的要素互动

县城内的技术、资本、设施流入各个乡镇，通过扶贫城镇化、公共设施均等化、美丽乡村的建设等。既有出于扶贫的政府行为，也有出于地方精英的个体企业选择。而许多的人口从乡村向县城聚集，包括进城务工、进城求学的个体选择与异地扶贫搬迁等政府行为。因而，带动了涞源县城的建设与发展，促进城镇化。

2）区域层面的要素互动

区域层面与涞源进行互动的地区有很多，但最主要的还是地理位置相近的京津冀区域。例如，涞源许多产业与北京存在合作关系，同时，涞源未来也将承担部分河北雄安的产业转移。此外，涞源还与美国达成合作协议，建设中美科技园。除了产业合作、投资之外，还有不少外地的人口流向涞源。从互动的深度与时长来区分，由浅至深，分别有旅游游客、短期度假或者第二居所的人群。未来，涞源也可能成为京津冀地区人群养老的选择地。这些外地人口，为涞源带来了巨大的消费需求、设施需求以及间接地传递了信息，极大地推进了当地经济的增长，如图3-136所示。

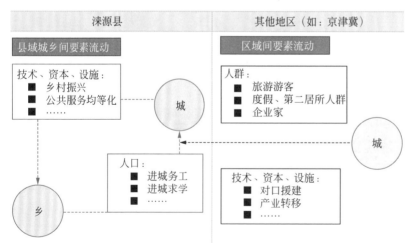

图3-136 基于区域和城乡要素流动的城市化归纳

2. 未来趋势——可能方式

涞源未来发展有不确定性，但从区域（京畿视野）和地方的稀缺性视角可以看得出来，涞源未来的城市化模式将更加复杂，而且这些不同的模式也将更加融合。其中，在当前景观都市主义的基础上，基于涞源稀缺文化的都市主义将可能是一个重要的形态。另外，从区域总部来看，除了基于可达性的总部基地区位选择模式外，基于舒适性的因素的选择也可能会成为涞源未来重要的城市化动力，如图 3-137 所示。

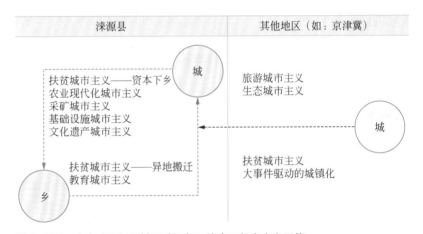

图 3-137　未来涞源与区域互动视角下的多元都市主义可能

1）文化都市主义

参考日本横滨的案例。黄金町位于横滨市老城区，在近代，由于战争原因和横跨住区的高速铁路建设，逐渐陈旧、衰败、失去活力。21 世纪，政府将黄金町原有的非法饮食店拆除，重点整顿铁道高架下的空间，规划为艺术活动空间。通过举办"黄金町艺术市集"，实现旧城复兴。黄金町艺术市集模式：①组建艺术家团队，成立艺术学校，开设工作坊；②邀请建筑师、规划师进行空间改造、整改；③开展丰富的艺术活动，如展览、创意集市、音乐会、各种讲座、发布会等。

2）舒适性驱动的"总部小镇"等可能形态

参考德国英戈尔施塔特小镇的案例，欧洲大多数人都愿意在生态环境良好、气候适宜、房价低、人口密度小的小城镇进行工作和生活，因此，催生了不少高端产业总部小镇，这也是城市化发展后期逆城市化的一种表现。

英戈尔施塔特小镇距离慕尼黑 60 km，是奥迪公司的全球总部和欧洲工厂的所在地。1985 年奥迪公司将总部挪到这里，并在小镇的老城外建立了总部基地、汽车博物馆、生产基地和工厂，同时拥有配套齐全的生活服务设施，如住宅、购物中心、医院、学校等，经济活跃，就业充足，因此，英戈尔施塔特小镇的人口增长迅速，经济也越发繁荣起来。

涞源位于首都北京周边，区位条件优越，生态环境良好，具有发展总部小镇的潜力。

3.5.5　未来的"涞源人"趋势判断

由于涞源县京西生态板块的区位特点和旅游战略导向，涞源未来人口结构应当考虑以下 3 类人群：短期旅游人群，度假、康养人群，本地居民。根据涞源县的人口变化和未来舒适性导向下的人口变化：第一居所常住人口约 30 万人；对于旅游人口，根据每年 6% 的自然增长，再叠加上大事件的激增效应，预计 2035 年全年的旅游人次达到 300 万人次以上。综合区域趋势和涞源的本身发展可能性，到 2035 年规划达到 70% 的城镇化水平，结合 30 万本地常住人口的总量，可得将有 21 万的本地城镇人口。这 21 万人和其余的 9 万本地人口、5 万第二居所人口、季节波动的 x 旅游人口；遵循大集中小分散的人口布局原则，结合当前和规划"一主两副"的村镇体系，形成全县域内的大概人口分布，即县城和白石山组团常住人口大概 23 万人和一定量的旅游人口（通过规划政策引导本地人口进一步向县城集中，一方面，实现集约发展、绿色发展；另一方面，为县城周边的产业、旅游服务业提供劳动力）。其中，县城向北拓展主城板块主要吸纳涞源县城之外居民；向东北新增的产业区板块吸纳搬迁人口与产业区就业人口；而向东南拓展涞源湖板块和向南新增白石山板块重点吸纳第二居所人口、创新创意阶层和旅游业服务人口。预计到 2035 年，17 个乡镇规划 3 万本地居民和不定的旅游人口。相比现状，乡镇人口的总量保持不变。村庄向乡镇集中的人口与乡镇向县城集中的人口保持动态平衡。但乡镇人口的空间分布发生改变，进一步向两个中心镇集中，分别是王安镇和走马驿镇。这两个镇分

别承担涞源东部和南部的重要门户、规划重点发展，未来镇区人口为 1 万~
1.5 万人。两个副中心（走马驿镇和王安镇）按照 3 万人的人口规模，县域
南部与东部的部分搬迁人口也可考虑安置在这两个中心镇；其他乡镇人口按
照 9 万人考虑，比现状减少了 6 万人，主要原因有两个：一是居民因为工作
机遇、发展前景或者公共服务水平等原因，自主迁移到乡镇镇区、县城或迁
移到外地，约占减少人口的 40%。二是政府主导进行移民搬迁，约占减少
人口的 60%。移民搬迁规划涉及约 3.5 万人，预计 2025 年前计划完成 2.5
万人的搬迁工作。搬迁原则是优先搬迁生态功能突出的自然村，保障区域生
态屏障；优先搬迁空心化程度高的自然村，改善人口生存现状；优先搬迁发
展潜力弱的自然村，改善乡村未来发展，如图 3-138、图 3-139 所示。

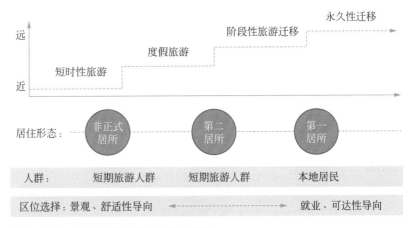

图 3-138　未来涞源人口的基本构成判断

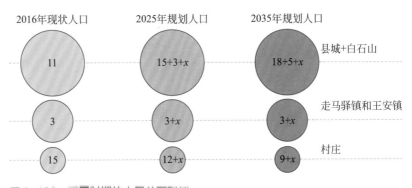

图 3-139　不同时期的人口分布规划

涞源人口和城镇化的一个重要问题是涞源的旅游人次在全年范围内有一定的波动。主要表现在夏季的避暑高峰与"十一"黄金周两个波峰上。结合目前涞源正在发展的冰雪旅游，预计未来冬季旅游人次将大幅增长，改善此前的冬季旅游萧条情况，但旅游的季节性波动不可能完全消除。对于这个问题，规划着重考虑了"发展弹性旅游设施、全域全季旅游来应对波峰和波谷"。通过发展弹性旅游设施适应旺季涌入的旅游需求。比如，在有条件的乡镇和村庄发展房车营地、农家乐、民宿等具有弹性的旅游住宿设施。同时通过发展婚庆、赏花、户外运动等其他旅游项目，实现全季旅游来平衡旅游淡季。针对目的地是白石山和涞源县城的游客，需要提供酒店、宾馆等正式住宿地点，景区周边可引导发展精品农家乐、民宿，辅助以少量露营、房车营地。面向"乡村旅游"的游客，则可以考虑建设少量酒店、宾馆，主要发展农家乐、民宿；在空中草原、乌龙沟长城等地方，可在周边发展农家乐和民宿，以及设置露营、房车营地，如图 3-140 ~ 图 3-142 所示。

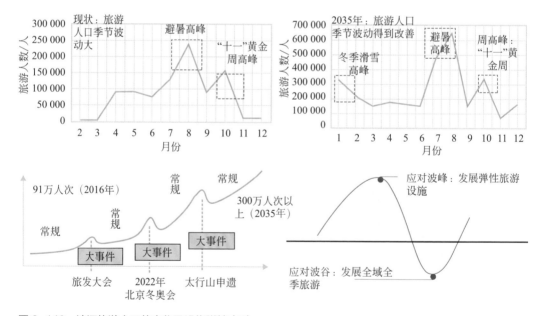

图 3-140　涞源旅游人口的变化及设施弹性应对

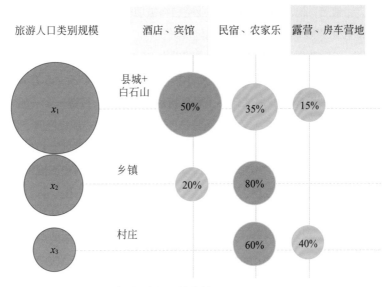

图 3-141　旅游人口类别、空间和住宿关系

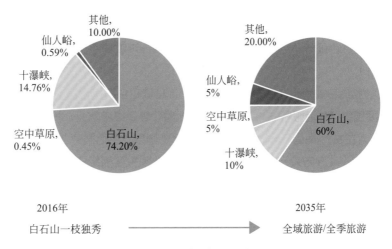

图 3-142　未来全域旅游和全季旅游的变化预测

　　涞源人口和城镇化的另外一个重要问题是其农村剩余劳动力比重高，且现状就业范围窄而不充分。规划涞源 3 个未来主要就业增长方向：首先，消费导向与公共服务领域，包括婚庆、特色餐饮、攀岩、会展、文化娱乐等；其次，生产性服务业，包括商务服务业、交通运输业、现代物流业、金

融服务业等；最后，信息科研方向的就业空白将被填补，通信行业、信息制造业、高新技术研发等成为新的就业与经济增长点。

据统计，2017年涞源县有农村剩余劳动力23 346人，占全部乡村从业人口的17.8%。到2035年为止，预计转移农村劳动力4万～5万人。为此规划引导：鼓励向农业内部转移（发展特色农业产业，打造一乡一品，发展无公害食用菌、中草药、绿色果蔬等特色农业；产业园式规模经营，采用"人＋土地＋资本＋技术＋管理＋规模"的现代农业发展模式，打破过去以户为单位分散经营的"小农"格局，实现土地的集约使用和适度规模经营，加快农业综合开发项目。支持向第二产业转移（在白石山、县城的集中安置片区周边，均配套建设了迁建区产业园。并且积极与县外资本合作，吸引劳动密集型产业进驻。涞源经济开发区位于涞源县城东北屯河冲积平原，东至王家湾村东面山体，西至奥宇钢铁公司山体，南至108国道，北至207国道，总规划面积11.13 km^2，开发区产业发展重点主要包括装备制造业、新材料业、纺织服装业、农副食品加工业、信息业、现代服务业、研发孵化业几大类。预计吸纳1万～1.5万农村劳动力）；引导向第三产业转移（县城综合服务、白石山组团旅游服务，预计可吸纳1.5万～2万农村劳动力）。

从各乡镇和规划组团来看，在"一主"（县城和白石山片区）的就业岗位主要围绕"生活服务＋旅游服务＋产业园"等多渠道就业，就业规模在11万人左右；"两副"（走马驿镇和王安镇）则以"生活服务业"为主，预计在1万～1.5万人；其他乡镇和村庄的就业则主要围绕"特色农业＋生态"，预计在4万人。最终形成全县域内的职住平衡，城与乡各得其所。

3.6 县域村镇：用途管制及变化

涞源县域村镇体系的形成和发展变化受到区位和本身自然条件的双重塑造。首先，涞源是京畿重镇，在首都北京的影响下，其村镇体系有其特殊性，而且现在也受到京津冀协同发展和雄安新区战略的显著影响，甚至受到其他中心城市，如天津、保定等城市的辐射和带动，如图3-143所示。其次，

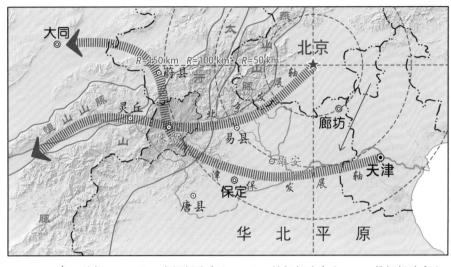

图 3-143 涞源是首都地区的一个重要城市

涞源村镇的发育更是直接受其三山会、三水源、两河流域[1]、两陉格局的影响。

在这种区域地位和自然地理条件下，形成了相应的交通可达性和交通方式，从古代陉口基础上的道路交通体系，到公路时代的交通、高速公路[2]时代的交通、铁路时代[3]等的交通，涞源的可达性条件深刻地影响了其县域范围内的整体城镇区域连接能力以及村镇体系的规模、职能和空间分布。

随着生态经济和景观都市主义等的显性化，涞源独特的自然地理条件成了城市发展的重要舒适性条件。在这些综合条件下，涞源村镇体系不断发展变化，如图 3-144 ～图 3-147 所示。

---

① 涞源县的拒马河和唐河两大河流，均属于大清河水系，总长 79.65 km，总流量 19.24 m³/s。拒马河发源于县城南旗山脚下，以地下水溢出成泉群形式变成地表水，境内干流长 45.65 km，流域面积 1656 km²，为常年基流河；唐河发源于山西省浑源县，在涞源境内长 34 km，流域面积 792 km²。

② 2000 年以来，先后建成了张石高速、荣乌高速、涞曲高速等高速公路，通过出入口连接了银坊镇、王安镇、金家井乡和白石山镇。

③ 20 世纪 60 年代修建的京原铁路在涞源县内塔崖驿乡、王安镇、涞源镇和金家井乡等乡镇设站。

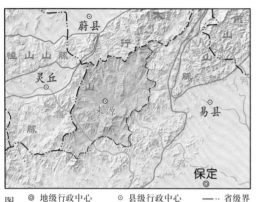

蔚县
恒山山脉
灵丘
涞源
易县
保定
图例
◎ 地级行政中心
⊙ 县级行政中心
省级界
地级界
县级界
涞源盆地
河流

图 3-144　涞源的区域山水格局

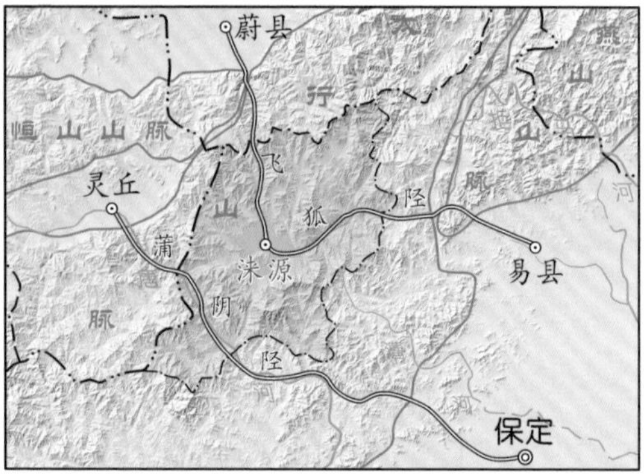
蔚县
恒山山脉
灵丘
飞
狐
陉
蒲
阴
陉
涞源
易县
保定
图例
◎ 地级行政中心
⊙ 县级行政中心
省级界
地级界
县级界
涞源盆地
河流

图 3-145　涞源的蒲阴陉和飞狐陉路径

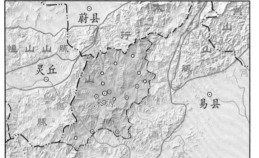

蔚县
恒山山脉
灵丘
涞源
易县
保定
图例
◎地级行政中心
⊙县级行政中心
⊙镇行政中心
○乡行政中心
省级界
地级界
县级界
涞源盆地

图 3-146　涞源县的村镇体系

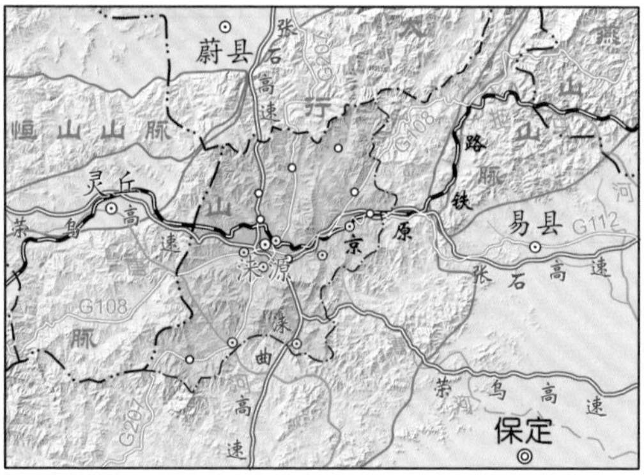
蔚县
张石高速
G108
恒山山脉
灵丘
荣乌高速
G108
涞源
京原铁路
易县
G112
张石高速
涞曲高速
G207
荣乌高速
保定
图例
◎地级行政中心
⊙县级行政中心
⊙镇行政中心
○乡行政中心
铁路
高速公路
国道

图 3-147　涞源县的交通可达性条件和村镇耦合关系

3.6.1　涞源县土地利用变化

涞源县乡镇开发强度呈现出明显的圈层结构。2016 年，以县城为中心的涞源镇开发强度最高，环绕县城的王安镇、杨家庄镇、南屯镇、白石山镇、北石佛乡开发强度明显高于其他乡镇，说明这些区域人口和经济要素更加集中；而南部和北部地区开发强度较低，很大程度上受制于地形和交通，如图 3-148、图 3-149 所示。

2009—2016 年涞源县建设用地变化。涞源县城所在地涞源镇是全县经济、政治、文化中心，在 2009—2016 年建设用地发生明显增长；位于

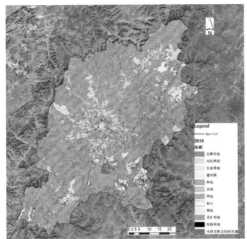
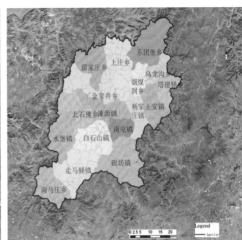

图 3-148 2016 年涞源县土地用途管制　　　　图 3-149 涞源县的村镇空间分布

县城南部的白石山镇具有良好的区位条件和旅游资源，近年来由于新区建设和旅游小镇的开发，乡镇建设面积急剧扩张；而县城东南部的南屯镇是上版规划的 3 大中心镇之一，如图 3-150 所示。

涞源县乡镇采矿用地变化。涞源县各乡镇采矿用地面积逐年增长，杨家庄镇和走马驿镇增长最为明显，说明采矿用地还在扩张。采矿业规模较大的乡镇如王安镇、走马驿镇交通便利，区位条件好，综合发展指数较高。和人口的分布规律相似，人口较密的地区工业化发展更早，而其他地区还停留在第一产业，如图 3-151 所示。

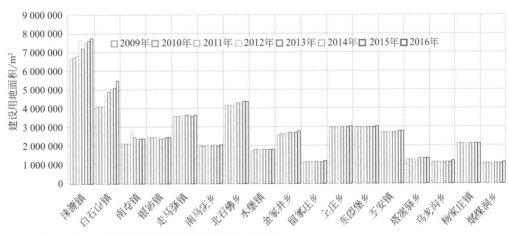

图 3-150 2009—2016 年涞源县乡镇建设用地面积变化

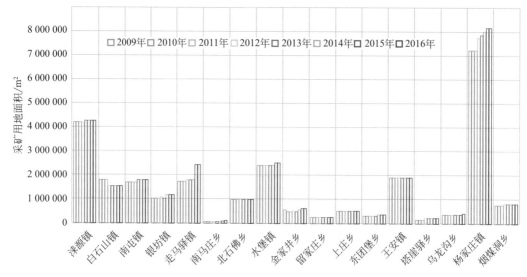

图 3-151 2009—2016 年涞源县乡镇采矿用地面积变化

3.6.2 不平衡不充分发展的村镇

各乡镇贫困人口差距极大，地区发展不平衡。从人均收入来看，涞源县整体人均收入较低，人均收入呈明显的"中部高，南北低"的格局。涞源镇、王安镇、杨家庄镇、水堡镇和银坊镇年人均收入超过 3000 元，领先于其他乡镇。从贫困人口来看，东团堡乡、北石佛乡、上庄乡贫困人口超过 3000 人，规模庞大；水堡镇、塔崖驿乡、杨家庄镇、白石山镇贫困人口少于 1000 人。乡镇贫困发生率差别巨大，南马庄乡和东团堡乡贫困发生率超过 30%，白石山镇贫困发生率不到 5%，说明地区之间发展不平衡。贫困状况呈"中间低，南北高"的格局。

涞源村镇基本公共服务设施均较好，高等级设施集聚在县城。以教育设施为例，小学基本形成"中心小学 + 不完全小学"的县域乡镇格局；幼儿园基本形成"中心幼儿园 + 其他幼儿园"的县域乡镇格局；而初中县城 2 所（二中、三中），下辖乡镇 6 所（分别是上庄中学、东团堡中学、王安镇中学、走马驿中学、北石佛中学、银坊中学）；但涞源县全域仅有 1 所高中——涞源县第一中学，其始建于 1951 年，是河北省重点中学，河北省示范性高中，现有 60 个教学班，3828 名学生，261 名教职工。

3.6.3 职能结构空间雏形

1. 县域村镇形成四大经济职能区

目前，涞源县由于其区位、交通、自然地理条件以及经济发展基础，基本可以划分为四大经济区。

中部旅游产业综合服务区：范围包括涞源镇、白石山镇、南屯镇、北石佛乡，规模 501.06 km^2，重点发展高科技产业、现代物流、食品加工、现代制造业等；强化发展生态旅游、养老产业、文化产业、高科技产业和电商金融等现代服务业，提升生态旅游城市特色和品位。

东部新型产业发展区：范围包括杨家庄镇、王安镇、乌龙沟乡、烟煤洞乡、塔崖驿乡，规模 445.85 km^2。重点修复建设杨家庄、镰巴岭两大绿色矿区，重点整合乌龙沟工业园，发展精加工和京津现代物流产业，快速发展观光农业和经济林等绿色产业。

北部生态农业示范区：范围包括金家井乡、东团堡乡、上庄乡和留家庄乡，总规模 732.04 km^2，大力发展新能源、生态农业示范园、杏扁基地、畜禽养殖、乡村旅游服务业等，与传统特色产业有机结合，形成新能源、生态农业和旅游服务三大产业。

南部矿产林果发展区：范围包括走马驿镇、银坊镇、南马庄乡、水堡镇，总规模 752.22 km^2，以独山、银坊为依托，发展矿产品深加工和建材加工产业，同时大力发展观光农业和特色生态种养基地。

2. 五大农产品生产基地架构上的特色农业村镇发展

涞源全县范围内形成了五大农产品生产基地：脱毒马铃薯生产基地、中草药种植基地、优质专用玉米生产基地、优质谷子杂粮生产基地、拒马河设施蔬菜产业带。在此基础上，形成了"一乡一品"的农业园区规划，如表 3-4 所示。

表 3-4　涞源县"一乡一品"农业园区规划表

序号	园区类型	数量 / 个	分布乡镇	规模 / 亩
1	蔬菜种植	5	涞源镇、走马驿镇、杨家庄镇、王安镇、南屯镇	5000
2	食用菌栽培	2	水堡镇、乌龙沟乡	300

序号	园区类型	数量 / 个	分布乡镇	规模 / 亩
3	中草药种植	7	城区办、白石山镇、南马庄乡、北石佛乡、金家井乡、留家庄乡、烟煤洞乡	26 000
4	果树种植	3	银坊镇、东团堡乡、塔崖驿乡	3000
5	综合型农业	1	上庄乡	5000

3. 与旅游资源相结合的美丽乡村建设

根据历史文化古迹、自然地理条件，涞源县建设了寨子村、菜村岗村、庄伙村、西庄铺村、大草滩村、荆山口村、石窝村、插箭岭村、白石山村、五间房村、石道沟村、白石口村、西龙虎村 13 个具有旅游价值的历史文化特色名村。

3.7 世外涞源：首都地区层面分析与涞源定位

3.7.1 区域和上位规划

1. 区位条件：畿辅与门户

涞源作为河北山区关键的战略要地，是京津保经济圈对内对外关联的关键点。具体而言，可将其关键的区位条件归纳为三大特点：①毗邻京畿。涞源东北距首都北京直线距离 160 km，东距天津直线距离 210 km，南距石家庄市 156 km，张石高速、荣乌高速西段通车优化了该地的交通条件。②晋冀两省交界。涞源位于河北保定、张家口与山西大同两省三市交界处，是河北省西北部对内对外的关键交通枢纽，也是山西方向连通北京和天津的重要通道。③世外绿城。涞源位于保定市中心城区西北山区地带，林业资源丰富，是京津冀地区关键的生态涵养区，如图 3-152、图 3-153 所示。

涞源作为保定西北部的山区县域中心城市，背后倚靠涞水、易县、唐县、蔚县、灵丘县与五台山等诸多县城与资源。而由北京及北京周边城市（廊坊、天津、保定等）形成的京畿城市板块则提供了丰富优质的资金、人才与市场等资源。这一板块蕴藏的资源可通过多元形式为周边板块利用。涞源的关键区位优势使其成为保定山区撬动京津冀资源的关键，如图 3-154 ~ 图 3-162 所示。

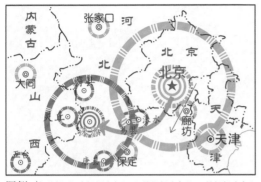

图例 ★ 首都 ◎ 省级行政中心 ◎ 地级行政中心 ◎ 县级行政中心

图 3-152 涞源县的区位条件

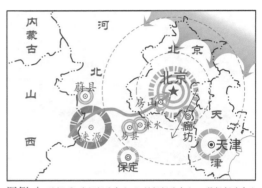

图例 ★ 首都 ◎ 省级行政中心 ◎ 地级行政中心 ◎ 县级行政中心

图 3-153 涞源县被定位为一个重要生态功能城市

图 3-154 涞源西邻繁峙五台山

图 3-155 五台山北台附近

图 3-156 五台山山脚下的岩山寺壁画

图 3-157 岩山寺泥塑

图 3-158　涞源西北方向的北岳恒山悬空寺

图 3-159　北岳古建筑群

图 3-160　涞源南邻唐县的古北岳大茂山

图 3-161　保定曲阳的北岳庙大殿

2. 上位规划：京畿、生态与旅游

涞源的上位条件包括河北与保定、京津冀地区多重尺度，通过归纳总结《河北省城镇体系规划（2016—2030 年）》等相关规划，上位规划对涞源发展的要点判断包括：①在京畿的地位提升，定位涞源县为河北省县域中心城市。②生态保育得以强化，将涞源建设为宜居乐业经济发达的生态之城。③旅游联合发展，包括重点发展旅游休闲、健康养老产业，建设低碳示范生态支撑区，以及打造山地户外和水

图 3-162　涞水野三坡的山水田居

上健身国家运动休闲区，沿房山、易县、涞水、涞源、蔚县一线建设房涞蔚国家运动休闲区。

3.7.2 涞源县城市地位变化的历史脉络

根据 Rostow 经济增长阶段理论，可将国家的发展阶段按照不同的产业特征与发展速度归结为 5 个重要阶段[①]。根据基础性的产业、政府干预、京畿关系、交通条件与重大事件的分析，目前涞源仍处于第三阶段，并通过这一方式进一步将涞源的发展历程进行划分。其中，大事件驱动下的生产函数是指由于受到巨大事件的影响，涞源产生了高于原本增长速度的发展模式，主要为辽金五京的都城建设与中央主导的三线建设，如图 3-163 所示。

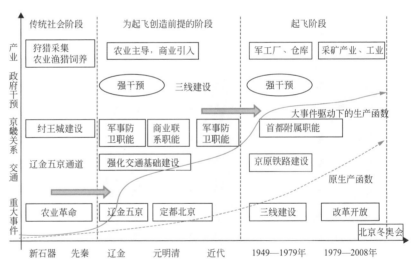

图 3-163　涞源县不同领域的区域地位变化分析

---

① 传统社会：即中国古代王朝，大部分资源用于农业生产，总产出从不增长，科技成果不能经常地、持续地应用于生产；为起飞创造前提的阶段：即建立中央集权的民族国家，社会特征表现为教育的扩大和改变、国内外商业范围的扩大、社会基础资本建设；起飞阶段：即中国 1950—1970 年，农业转向工业，生产性投资率提高，多种重要制造业部门发展；成熟阶段：即中国 1970—2010 年，现代经济增长从少数产业扩展到整个经济，成熟技术广泛运用；大众高消费阶段：主导部门转向第三产业，大部人获得超过基本衣食住行的消费，劳动力结构优化。

1. 千年军事重镇

涞源的军事功能主要表现为外生要素影响的军事地位的提高。在历史发展脉络上，纣王城建设、辽金五京与大元三都的都城建设、明代长城体系的构建、近代京原铁路与抗日战争的影响与当代三线建设的推动，都使得涞源在不同的历史时期承担了不同的军事功能。因此，将涞源的军事功能重要性演变归结为影响涞源当今发展的重要脉络（见图3-164），其中最为关键与重要的即是辽金五京、大元三都的都城建设与当代的三线建设。

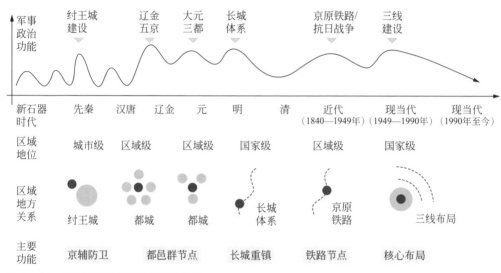

图3-164　不同时期涞源定位的变化分析

涞源在辽金五京的建设中，处于西京与南京关键的战略定位（见图3-165）；在大元三都的格局下，涞源作为关键的盆地同样战略性地联系了元中都与元上都（见图3-166）。都城的建设使得涞源的关键军事地位日渐凸显，它一方面联系着诸多的关键军事要道，另一方面又关联着不同的军事要素（山水格局等）。

在现当代的军事建设中，涞源被列为河北三线建设的关键要地。作为河北三线第二步骤的重点区，涞源在三线建设中建厂6个：凌云、华丰、东方、卫星、红光、河北化工，同时建设有配套厂4个：钢厂、铜矿、煤矿、洞室电厂。其布局主要位于具有战略地位的太行山小五台山深山里的涞源

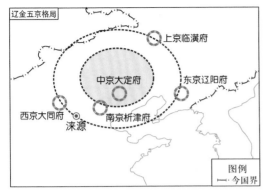

| 图 3-165 辽金五京格局下的涞源区位分析 | 图 3-166 元代三都格局下的区位分析 |

县境内，地理位置特征表现为分散布置、交通不便、配套设施落后。这为 1990 年之后的涞源工业迅速发展奠定了坚实的产业基础。

2. 异域文化碰撞

同样推动涞源经济发展的文化还包括宗教文化。宗教文化携带异域的经济结构与生产模式来到涞源，并在涞源形成了关键的文化节点，例如：纣王城建设、辽金时期兴建的阁院寺、兴文塔与泰山宫、明代长城体系与清代具有政治含义的小五台山，至现当代定都北京之后，涞源便成为了关键的文化要地。因此，将不同时期的意识形态、宗教文化与政治统一度进行拟合比较（见图 3-167），后得出，在政治统一程度较低，且异域文化涌入的阶段，涞源的宗教文化得到了大幅度的发展，并推动了涞源城市经济的发展。

3. 关键生态区位

1）城市发展驱动力

从城市的整体发展脉络来看，在两大关键发展时期，生态格局所引入的山水林田资源对于城市发展同样起到了至关重要的作用。一方面，生态格局所引入的山水林田塑造的涞源盆地地形使得其天然具有多元资源吸引的要素；另一方面，在现当代的发展过程中，涞源实质是基于生态要素的投入与置换得来的经济效益，尽管这种粗放的发展模式缺乏长效的机制，但却在涞源的早期经济发展中形成了以矿产和土地资源为主导的发展模式（见图 3-168）。

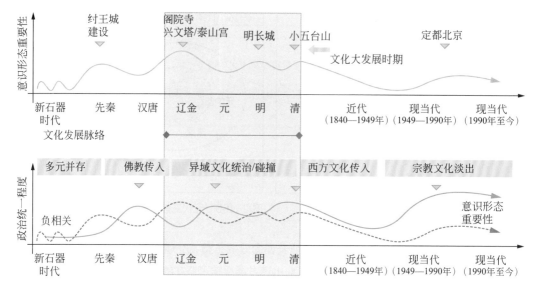

图 3-167　涞源文化脉络变化的时空变化

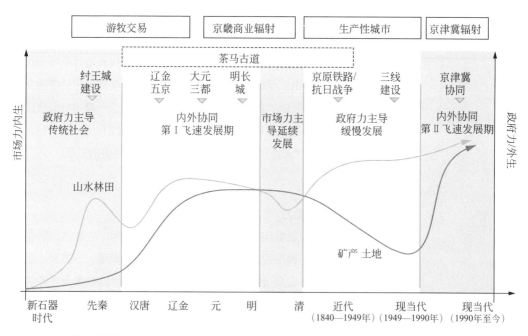

图 3-168　涞源城市发展驱动力变化分析

2）生态资源催生商业联系

生态资源对涞源最直接的表现是对商业联系的催生。在新石器时代至元代时期，涞源位于农牧交错带之间，这为涞源的游牧交易以及全国范围内的茶马古道的构建提供了契机。而到了现当代之后，矿产资源与土地资源极大程度地发挥了涞源作为京畿辐射商圈的关键性作用。

需要指出的是，尽管由于战争与计划经济的影响，涞源在近代与现当代的商业经济发展受挫，但这同样是由于关键的生态区位所导致的影响。由此可以得出，生态资源极大程度上影响和驱动了涞源的城市建设与发展，如图 3-169 所示。

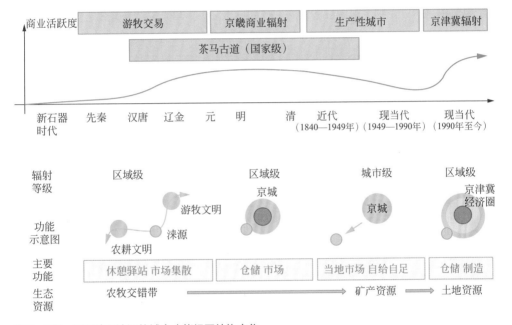

图 3-169　不同阶段涞源的城乡功能组团结构变化

3.7.3　形势判断：生态资源驱动、文化投资引领

1.资本三级循环

1）理论基础

对于涞源的当年发展形势与经济模式判断，主要基于哈维的资本三级循环理论，对涞源不同阶段的经济进行划分与剖析。该理论认为，城市第

一轮资本循环主要集中于基础的生产与消费，表现为产业特征，比如，工业的迅速发展；随着城市的发展，剩余资本流向了房地产等固定资产和消费基金的产业形式。而完整的城市空间的资本流通过程则包含了第三级的循环，主要表现为流向科学与技术领域的投资，同时还包括对教育、医疗、社会保障、军事领域和国家机器的投资。

2）功能逻辑

基于涞源核心产业、重大事件与经济发展等关键要素，将涞源的三级循环流程归纳如图3-170所示。在2013年之前，涞源是以生态资源为主导的采矿业驱动发展模式，属于初级的循环发展；然而伴随着国家的宏观调控，涞源的采矿业受到了限制性的发展，在此背景之下，基于生态与文化资源和投资的旅游服务业与房地产业得到了迅猛发展，涞源的二级循环激增；受到北京冬奥会的带动发展，伴随配套建设的发展与产业转型的影响，涞源的三级循环格局将进一步显露。

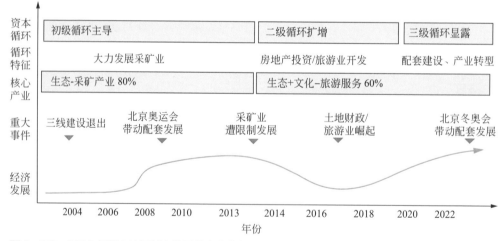

图3-170　2000年以来涞源城乡发展的变化分析

2. 一级循环（—2013）

1）生态资源驱动（—2004）

一方面，在2004年之前，受到中央垂直管理的影响，涞源采矿业的迅速发展并未带来财政税收的上升。资金流向的限制导致了全县城的配套建设与经济发展并未得到相应的增长（见图3-171）。

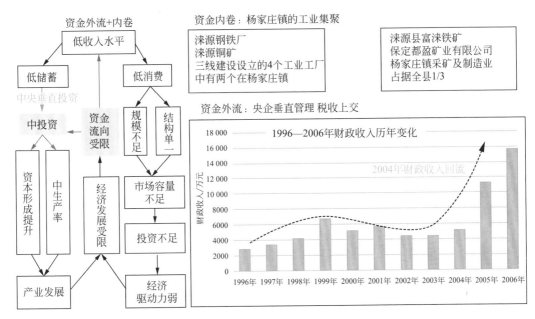

图 3-171　2004 年以前的涞源经济发展和货币循环累积关系

　　另一方面，资金内卷的现象也十分严重，大量采矿业所产生的资金聚集于杨家庄镇并用于当地村镇建设的投入，这使得在早期的城市发展过程中，杨家庄镇在城市建设的某些方面上优于涞源镇。据统计，三线建设时期涞源建设的 4 个工业工厂中有两个位于杨家庄镇，当前涞源 139 家采矿业相关的企业中有 43 家位于杨家庄镇。产业的大幅度集聚同样限制了涞源的整体性发展。

2）资本回笼累积（2004—2013）

　　伴随财政税收制度的改革，涞源政府的税收收入有所提升，并在此基础之上加大了对于产业及配套建设的投资，主要表现为全县域的固定资产投资额的大幅度上升（见图 3-172）。

　　将全县域的采矿区与城市建设用地及道路交通用地建设相匹配，同样印证了采矿产业的发展及采矿区的兴起，推动了周边城市建设用地的兴起，形成了组团式的建设用地；同时联系采矿区与核心主城区同样形成相对完善的道路交通系统。

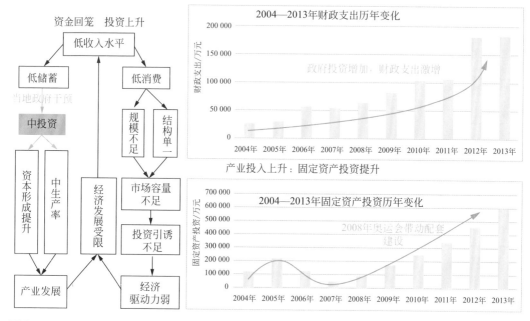

图 3-172　2004—2013 年涞源经济发展和资本累积变化

3. 二级循环（2013— ）

1）投资引领发展

2013 年之后，伴随着涞源产业结构的优化与转型，政府进一步加大了对于多元要素的投资。从 2013—2017 年，涞源政府的财政投资维持高增长与高投入水平，但同样也显露出了一定的问题：财政支出与财政收入的比值始终处在高于 200% 的水平，财政的大幅赤字隐含着财政投资低效的危机（见图 3-173）。

2）生态投资崛起

伴随着政府的大量资本涌入产业发展，涞源对于生态的利用不再限于粗放的资源直接使用，而是表现为更为集约和精准的生态投资，具体表现在 3 个方面（见图 3-174、图 3-175）。

第一，基于优质环境的房地产投资崛起。具体投资项目主要集聚于涞源湖周边的度假区与白石山周边的风景旅游区。

第二，第三产业的迅速崛起。第三产业的占比自 2012 年的 35% 增长至 2017 年的 49%，涞源在 5 年间迅速完成了产业结构的优化与转型。

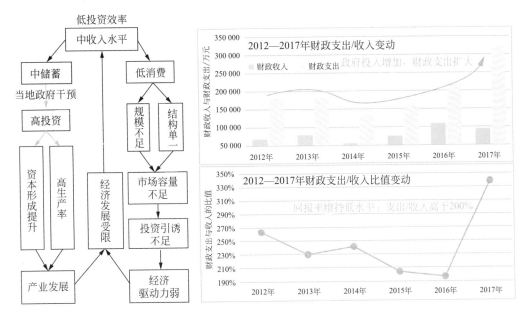

图 3-173　涞源经济发展转型和资本累积关系变化

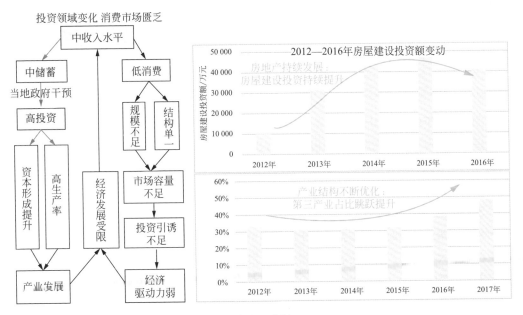

图 3-174　涞源城市发展中的住房建设和服务变化及分析

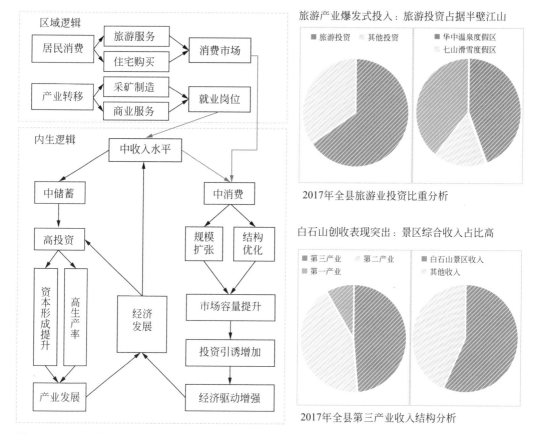

图 3-175　涞源旅游业发展及内在机制分析

上方图表标签：

旅游产业爆发式投入：旅游投资占据半壁江山

■ 旅游投资　■ 其他投资　　　　■ 华中温泉度假区
　　　　　　　　　　　　　　　□ 七山滑雪度假区

2017年全县旅游业投资比重分析

白石山创收表现突出：景区综合收入占比高

■ 第三产业　■ 第二产业　　　　■ 白石山景区收入
■ 第一产业　　　　　　　　　　□ 其他收入

2017年全县第三产业收入结构分析

第三，基于优质生态环境的旅游投资崛起。据统计，2017 年涞源的旅游投资为 21.69 亿元，占据总财政投资的 65.3%，华中温泉度假区与七山滑雪度假区等大型项目又在其中占据半壁江山。同时，白石山景区的创收明显，占据第三产业收入的 50% 以上。

3）新城老城二元分异

然而，第三产业的发展主要得益于区域消费市场的扩大，尽管全县域的零售总额大幅提升，同时住宿与餐饮业有所发展，但是当地的经济发展却呈现出回落的趋势：GDP 增速放缓，全县域的员工工资总额同样有所下降。这意味着，涞源的二元发展格局趋于强化，外部的消费与资源涌入并未明显带动原有城区的发展，由此衍生出了老城区与新城区在空间特征与经济特征的分异与隔离（见图 3-176）。

2012—2017年全县社会消费品零售总额变动   2012—2017年全县GDP变动

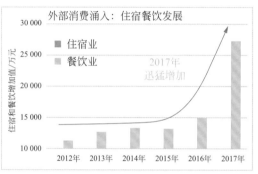

2012—2017年住宿与餐饮消费水平变动   2012—2017年在岗职工工资总额变动

图 3-176 涞源转型发展与居民收入变化

4. 三级循环（2020— ）

1）投资兴起与转型

伴随区域要素的变化（北京冬奥会、产业结构升级等），京津冀圈层的要素进一步涌入，由此推动了涞源三级循环，涞源的消费水平与投资水平进一步提升，涞源目前的三级循环主要表现为 3 个方面（见图 3-177）。

第一，大型文化项目的兴建。以白石山大剧院为例，白石山大剧院的投资来源于北京的公司，设计来源于浙江大学，施工方则选取了河北廊坊的施工公司。大型的文化建设推动了当地文化的复苏与发展，同时也吸引了外部资源的迅速涌入。

第二，产业园区的兴建。以涞源经济开发区为例，涞源通过土地、厂房、仓库与写字楼等关键优势资源吸引了先进企业的聚集，并借此形成了规模效应。

第三，大型公共项目的建设与开发。以涞源湖为例，涞源湖定位为省

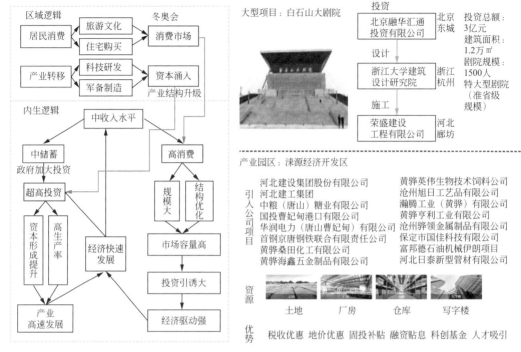

图 3-177　涞源近期发展趋势的关键领域及机制分析

级水利风景区，未来发展策略定位为联合周边资源综合开发涞源滨湖新区，其建设用地占据到整个项目的 1/3。

2）投资矛盾初显

然而，涞源现阶段的投资也隐含一定的危机。一方面，"旅游立县"缺乏长效机制，自 2015 年开始白石山的搜索热度有所下降；另一方面，白石山的搜索热度月季分析变化差距较大，全季旅游格局尚未形成。

同时，大量投资与大量资源的涌入并没有吸引到高端人才，这主要是由于投入在三次循环中的教育与医疗配套资本不足，整体而言，涞源的公共服务水平较低。

5. 发展定位模式剖析

综上所述，涞源发展主要围绕着生态与文化展开，并历经了资源驱动与投资驱动两个阶段。

需要指出的是，文化与生态、资源与投资相互分离是这一阶段较为关键的发展问题：风景名胜区的建设并没有依靠关键宗教与军事文化展开；同时，风景名胜区的建设并没有拉动周边建设用地的经济增长与城市的发展，这意味着这种发展模式背后的逻辑并不合理。

因此，将涞源的发展阶段与资本循环模式进行归纳（见图3-178），并基于前期分析得出涞源发展历程的三大关键结论：

（1）生态与文化始终是驱动发展的关键要素。

（2）生态驱动由粗放的资源消耗，转向更集约的生态投资。

（3）文化资源并未得到充分发展与利用，跳跃式的文化投资隐含危机。

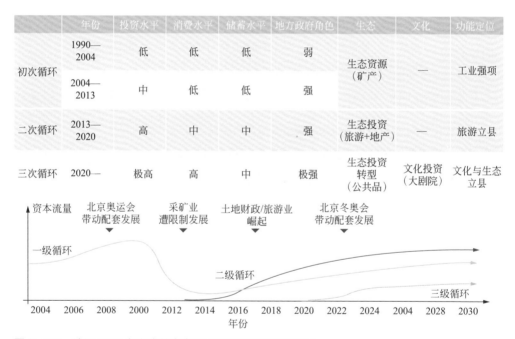

	年份	投资水平	消费水平	储蓄水平	地方政府角色	生态	文化	功能定位
初次循环	1990—2004	低	低	低	弱	生态资源（矿产）	—	工业强项
	2004—2013	中	低	低	强			
二次循环	2013—2020	高	中	中	强	生态投资（旅游+地产）	—	旅游立县
三次循环	2020—	极高	高	中	极强	生态投资转型（公共品）	文化投资（大剧院）	文化与生态立县

图3-178　涞源2000年以来的资本累积循环变化及转型发展

3.7.4　战略定位：世外文化重镇·京畿生态绿城

1. 核心战略定位

经过区域视角、历史视角与经济视角的深层次剖析，最终依据涞源的地区特征与依托的生态与文化资源，得出了涞源的核心战略定位：世外文化重镇·京畿生态绿城（表3-5）。

对于该定位，进而将其细分为 3 个关键精神内涵：

（1）以推动休闲旅游为基础，传承地域文化为导向的文创旅游古镇。

（2）以服务生态消费为支撑，涵养生态资源为目标的京畿生态中心。

（3）以促进生态保育为引领，发展绿色经济为动力的绿色宜居城市。

表 3-5　涞源城市定位

世外文化重镇·京畿生态绿城		
精神内涵	地区特征	生态 / 文化资源依托
文化旅游古城	军事文化与宗教文化悠长	兴文塔　阁院寺　明长城　三线建设
	多元新文化兴起	白石山大剧院　涞源湖
京畿生态重地	农业—生态—工业—新文明	生态文明的标本　新文明的孕育地
	生态完好　资源丰富	矿产资源 能源资源　山水林田资源
绿色宜居小城	毗邻京城　京畿重镇	多元交汇地　县域排头兵　土地优质
	生态保育　绿色经济	山林资源丰富　生态消费兴起

2. 文创旅游古镇

一方面，针对涞源的文化资源废置以及旅游发展缺乏长效机制的问题，提出应当结合涞源的核心文化资源——宗教文化与军事文化，进行更高质量、高效率的旅游开发。

另一方面，针对上位规划提及的房涞蔚旅游文化带的建设目标，涞源应当进一步提升旅游开发的差异化，与周边的县城形成共同发展、互有差异的旅游产业格局。

涞源的旅游业发展迅速期主要集中于 5—10 月的黄金假期与避暑期，而其余时间的旅游资源利用效率则较低。因此，应当通过文化建设与基础服务建设的优化提升对京人口的全季吸引力。

随着白石山大剧院的建造兴起与度假休闲小镇的逐步崛起，文化进一步成为旅游发展的关键驱动力。因此，应当将涞源的生态旅游资源与历史文化资源相结合，形成以"文化创意 休闲旅游"为主导功能的文创旅游古镇。

这一功能的发展模式应主要遵循大事件驱动的模式，通过大事件引入外部资源，并在局部突破形成经济增长点。估计冬奥会、京津冀休闲旅游带等全区域的大事件必然会带动涞源的旅游经济发展（见表 3-6）。

表 3-6　文创旅游古镇定位下的关键问题分析

类别	基本判断	具体表现	示意图
关键问题	资源废置 短效机制	旅游开发与文化资源分离;文化资源未有效开发;旅游投入缺乏长效机制	
核心资源	宗教文化 军事文脉	军事:太行八陉 明长城;文化:阁院寺 兴文塔	
京畿战略	全季全时 县域联合	提升对京人口的全季吸引力;"房涞蔚"国家运动休闲带	白石山热度月变化
主导功能	文化创意 休闲旅游	白石山大剧院建造兴起;度假休闲小镇雨后春笋	65.3% 21.69亿 9.6亿 3.5亿 ■旅游投资 ■其他投资 ■华中温泉度假区 ■七山滑雪度假区 ■其他旅游产业项目
发展模式	大事驱动 局部突破	大事件引入外部资源;局部突破形成经济增长点	雄安 文旅会 北京冬奥会 京津冀:休闲旅游带

3. 京畿生态中心

涞源的财政支出与财政收入比值超过 200%,目前全县域的经济与城市发展处于高度投入与过度开发的低质低效状态。因此,涞源在未来的发展阶段应当紧密结合自身的山水林田湖草与优质环境资源,进行绿色生态的高质量发展。现有可供借鉴的开发项目有涞源湖度假区、白石山风景旅游区、七山滑雪场等。

面对京津冀的优势资源,涞源应进一步加强综合服务能力,完成京津冀的高端产业承接。为加强产业的集聚效应,可通过建设综合产业园等形式投入土地与资本等要素,提供基金、补贴与人才的综合服务。

在此战略的引导之下,涞源应发展以绿色农业与科技制造为主导功能的京畿生态中心,其中农业发展可带动落后地区扶贫,而科技制造产业园则可吸引外地的中高端劳动力。

　　总体而言，涞源的生态发展模式应采用精明增长的模式，主要目标是完成分散的资源与功能集聚，以此减少过度开发，提升土地与资源使用的效率，如表 3-7 所示。

表 3-7　京畿生态中心定位下的关键问题分析

类别	基本判断	具体表现	示意图
关键问题	高度投入、过度开发	财政支出与收入比超过 200%	
核心资源	山水林田、优质环境	涞源湖、白石山、七山滑雪场	
京畿战略	转型承接、综合服务	综合产业园区、集聚规模效应、基金＋补贴＋人才综合服务	
主导功能	绿色农业、科技制造	京城农业后备地：带动扶贫；科技制造产业园：吸引劳动力	
发展模式	精明增长、提质增效	强化产业与功能集聚；提升经济发展效益	

4. 绿色宜居城市

　　迅猛发展的旅游业为涞源经济带来了高速的发展，然而这也进一步激化了当地经济与飞地经济的二元分异。一方面，旅游区的蓬勃发展并没有拉动老城区的存量更新与经济发展，整体贫困的格局尚未得到改变；另一方面，大量外部资源的涌入也暴露出了另外一个问题——县城的医疗与教育配套投入不足，不能提供良好的劳动力支持产业与经济的发展。

　　因此，涞源应当紧扣区位优势与高质量土地的核心资源，面向京城的高端人群发展健康养老与第二居所的相关产业，打造生态产业、绿色宜居的主导功能。

其发展模式应当依照精明收缩的逻辑，对于低质低效的居住用地进行限制，发展沿白石山风景区与涞源湖休闲度假区为核心的高端居住场所与健康养老场所，限制低效土地的无序扩张，如表 3-8 所示。

表 3-8　绿色宜居城市定位下的关键问题分析

类别	基本判断	具体表现	示意图
关键问题	二元分异、配套不足	局部跳跃发展、整体贫困；医疗＋教育配套投入不足	
核心资源	区位优势、高质量土地	北京、天津 2 小时车程范围内；厂房、仓库、写字楼	
京畿战略	健康养老、第二居所	吸引京城人群；舒适性因子高度敏感；可达性因子低度敏感	
主导功能	生态产业、绿色宜居	400%＋住宿业收入增加；200%＋餐饮业收入增加	
发展模式	精明收缩、全县共生	生态型预期收缩；规模＋空间＋形态	

3.7.5　他山之玉：日本轻井泽与涞源

轻井泽是"世界顶级度假胜地"的代名词，是全世界"自然、乐活、文化"生活方式的倡导者，日本的皇族和世界名人都是它的簇拥者。日本明仁天皇与皇后美智子、披头士约翰·列侬和妻子小野洋子、宫崎骏《起风了》中的二郎和菜穗子都在此邂逅、定情。

2016 年轻井泽镇政府的数据显示：轻井泽常住人口约 8000 户，人口

19 005 人，其中外国人 367 人（中国人最多，有 81 人）。居民的就业结构：3% 从事第一产业、14% 从事第二产业、83% 从事第三产业。游客人数逐年上升，全年总数约 871 万人①。可见，轻井泽不是一个单调的乡村农野，而是一个以旅游业为主导，面向世界中高端度假人群，集度假、休闲、购物、居住、观光为一体的旅游目的地。居住者也从 2005 年起逐渐增多，目前人口已经接近 2 万人，如图 3-179、图 3-180 和表 3-9 所示。

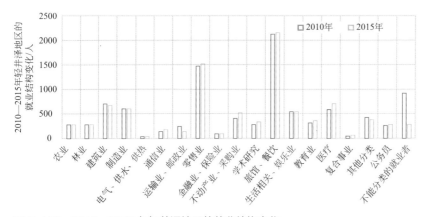

图 3-179　2010—2015 年轻井泽地区的就业结构变化

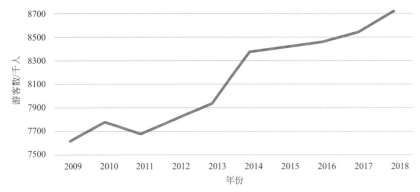

图 3-180　轻井泽地区历年游客数变化

　　轻井泽为何在百年间迅速崛起，成为世界知名度假休闲小镇，推动日本"观光立国"政策的支柱城市？

---

　　①　2017 年轻井泽町的全部观光人数达到 854 万人，但存在着明显的季节性特征。其中夏季达到 52%，冬季只有 12%，其余是春秋两季。

表 3-9　轻井泽不同住宿结构数量和游客数量

类别	酒店	旅馆	别墅式公寓	民宿	合计
住宿数量 / 个	51	12	59	15	137
游客人数 / 人	9958	540	1490	927	12 915

1. 地理区位和资源条件与涞源相似

轻井泽町坐落于东京的西北角，在长野、群马县的交界部位。东京站与轻井泽站的直线距离约 126 km，驾车需要两个多小时，新干线（高速铁路）的行驶里程是 146.8 km，抵达东京约需 70 min。其与东京的关系和涞源与北京的关系是十分相似的。

轻井泽位于浅间山区，四周环山，自然景观资源丰富，具有典型的山区特征。这里处于海拔约 1000 m 的高原地带，落叶松和白桦树生长茂盛，自然环境宜人。年平均气温 7.8℃，且夏季六月、七月、八月的平均温度只有 25℃左右。自然环境正好对周边东京大都市产生了功能性的吸引力。涞源的自然环境与之也是十分相似的，同样的，涞源也可以对周边京津冀地区产生相似的吸引力。

在相似的自然环境条件下，轻井泽的发展史对涞源有很重要的参考价值，如图 3-181 ~ 图 3-183 和表 3-10 所示。

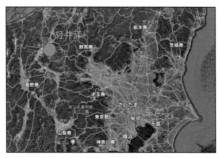 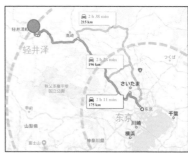

关道要塞	东京后花园
轻井泽位于日本长野县东北角，东京的西北部。历史上，轻井泽是由关西通往关东必经之路中山道上的驿站之一	轻井泽距东京 180 km，驾车需要两个多小时，1997 年通新干线后到东京的时间缩短为 1 h 10 min

图 3-181　轻井泽的交通要塞及与东京的关系

表 3-10　轻井泽与涞源的自然条件比较

类别	平均海拔/m	年平均气温/℃	暑期平均气温/℃
涞源	1000	9.5	21.7
轻井泽	1000	7.8	25

涞源平均海拔1000 m左右；年平均气温约为9.5℃，暑期平均气温仅21.7℃，比承德避暑山庄低2.6℃，比秦皇岛北戴河低3.8℃，被誉为"凉城"

轻井泽町位于浅间山区，处于海拔约1000 m的高原地带，年平均气温7.8℃，且夏季六月、七月、八月的平均温度只有25℃左右，甚至低于日本著名的北海道札幌地区

图 3-182　轻井泽的重要山体及人居意向

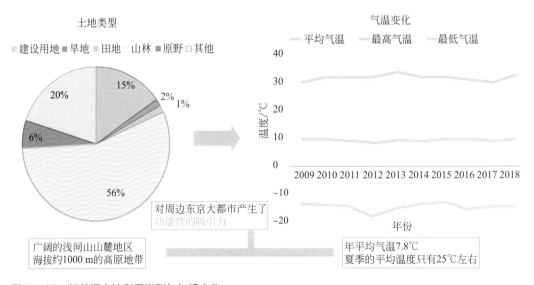

图 3-183　轻井泽土地利用类型与气候变化

2. 开发过程：源于偶然，成于必然

轻井泽的兴起过程，大致可以分为四个阶段，如图3-184所示。

第一阶段：避暑胜地的"发现"（生于自然）。日本江户时代，京都到东京只有两条线路，其中一条叫中山道，而轻井泽是中山道上的众多驿站之一。明治维新后，随着铁路公路的发展，驿站的功能慢慢弱化，轻井泽一度没落。1886年，加拿大传教士肖恩为了逃避夏季闷热潮湿的东京，来到了海拔1000 m以上的轻井泽。轻井泽的夏天凉爽舒适，经过肖恩的推荐，轻井泽很快就吸引了一批外国人到访。

第二阶段：大规模开发的兴起，在国际上初露头角（积极开发）。1912年，轻井泽开通铁路，更多的外国人来到这里。为了满足外国人的需求，轻井泽建造了60多座西式别墅和教堂。商店街竖立起了英文标牌，各种西式的店铺以及高尔夫、网球等西式娱乐活动也开始盛行。这其中尤以星野集团和西武集团为代表。

第三阶段：战后发展和繁荣（成于机遇）。1951年，《轻井泽国际友善文化观光都市建设法》将轻井泽定位为国际旅游文化名城。在国家政策鼓励下，在南轻井泽地区大力发展度假村。1964年，日本东京第一次举办奥运会，轻井泽正式走入世界。

第四阶段：不断发力，成为赋予新意义的国际知名休闲度假胜地。在

1904年
开发轻井泽

1914年
星野温泉旅馆开业

1929年
水利发电站开业

1951年
成立星野温泉有限公司

1974年
被列为轻井泽国家野生鸟类森林（全国首例）

1995年
公司名称改为星野集团有限公司 Hotel Bleston Court 开业

2003年
ALTS磐梯滑雪度假村营运开始，2004开始营运TOMAMU滑雪度假村

2005年
虹夕诺雅轻井泽营运开始，"虹夕诺雅"品牌开始拓展

2011年
"界"及"RISONARE"品牌营运开始

2013年
星野集团房地产投资信托基金公司于东京证券交易所上市

2016年
虹夕诺雅东京营运开始，2017虹夕诺雅谷里岛营运开始

2018年
"OMO"品牌营运开始

图3-184　轻井泽地区发展的主要企业变化和演化

轻井泽，博物馆、纪念馆和美术馆陆续开放，其作为旅游目的地的属性逐渐加强。1997年，日本新干线正式通到轻井泽，使其到东京的时间缩短为1 h 10 min，大大增加了轻井泽的游客量，仅通车后第一年的旅游流量就比前一年大幅增加了50%。

可以说轻井泽的发展史，也是日本近代经济发展的缩影。这个百年小镇渐渐被世界关注，成为知名度假胜地，得益于日本政府振兴经济的开发模式，由国家规划大型盛会及相关的公共设施，创造经济利益与就业机会，并刺激民间投资与消费。同时，也离不开小镇规划者以及小镇居民的共同努力。小镇对于景观建造有着严格规定，包括建筑覆盖率、建筑面积比例、建筑物高度和颜色以及商店的招牌，都有详细的标准。这也有效阻止了房地产开发过度和景观规划不一致的现象出现，如图3-185所示。

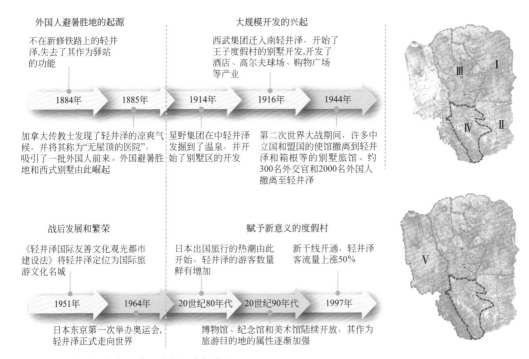

图3-185 轻井泽的发展阶段演化和空间发展

3. 轻井泽功能与空间特征

现在的轻井泽占地165万 km²，分为5大区域。每个区域都有自成体系的项目吸引不同层次的观光者，均以自然景观为主，衍生购物、休闲运动、农业、名胜古迹、艺术活动等主题，吸引不同层次的游客，如图 3-186 所示。

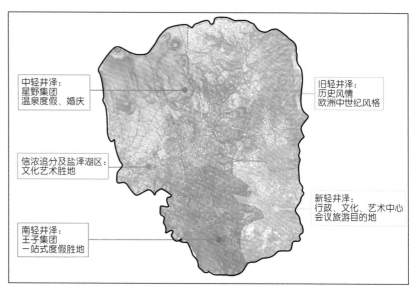

图 3-186　轻井泽地区的功能分区

　　同时，全产业链的形成也使得轻井泽成为一个四季有景，没有淡旺季的旅游目的地。春赏樱、夏避暑、秋观叶、冬滑雪。每个季节，都有不同的旅行活动，给游客带来丰富的体验。

　　从旅游角度来看，轻井泽旅游产业的总体规划分成了两个体系：第一个体系是围绕镇域周边的自然景点的观光和度假；第二个体系是上百年来，小镇逐步建设的人文度假设施，这些设施逐年兴建和沉淀，慢慢生长和聚集，如今形成了包括温泉、美术馆、教堂等独具特色的主题性人文景点体系 [1]。而其人文产业即紧密围绕两个主导产业来规划，第一是婚庆产业，第二是文化艺术产业。同时，文化艺术的长期发展也使得轻井泽成为了日本

---

　　[1]　包括著名的轻井泽石之教堂、高原教堂、纪念礼拜堂、娱乐馆纪念馆、圣保罗天主教教会、轻井泽联合教会等；轻井泽千住博美术馆、追分宿乡土馆、中山道 69 次资料馆、堀辰雄文学纪念馆、现代美术馆、卢瓦美术馆、轻井泽文森 - 轻井泽高原文库、贝尼美术馆、深泽红子野花美术馆、摩西森林 - 轻井泽绘本的森美术馆、艾尔兹玩具博物馆、小美术馆轻井泽花草馆等。

的时尚策源地[①]。除此以外，小镇的配套设施也一应俱全，不光有休闲购物场所[②]，也有学校、医院、神社等，甚至有日本唯一一所全寄宿的三年制高中国际学校——亚洲轻井泽国际学校，以及完善的内部交通系统[③]，如图3-187～图3-191所示。

轻井泽小镇的中心主要由3条主干道连接整个区域，周围沿线分布历史建筑、自然景观、文化艺术场所等景点，分布紧凑、动线流畅。通过步行和骑自行车的方式可以到达各个地方。

综上所述，轻井泽的产品是个性、私密化的，更是丰富、开放的，基于原有的名流避暑基因全季化、大众化，并不断与其他产业叠加、自然生长，从而产生了巨大的经济效应和文化效应。

对比轻井泽的发展模式来看，未来涞源也可能成为拥有统一文化内核、形散而神聚的目的地，在旅游吸引物之外有更完善的服务体系和更多样健康的产业链生态，从而产生巨大的经济效应和文化效应。

---

① 轻井泽的崛起，不仅是一个度假胜地的开发，更是带动了日本社会的审美、时尚产业的提升。同时其地区自治的独特政治模式，也是激励该地区进一步开放的社会基础。这里不仅是天皇的恋爱之地，更是诸多美术、音乐和电视电影作品的创作基地。轻井泽的杂志、轻井泽的日剧、轻井泽的音乐馆和美术馆，在全日本都有着巨大的影响力。建筑师、艺术家、音乐家、电影明星，在轻井泽汇集、发酵、酝酿，在这里的美术馆、艺术馆、公园、酒店的承载之下，这里变成了东京周边的文艺之地。

② 轻井泽银座街的肌理结构，像极了中国传统村落、小镇的结构，房子依主街而建，同时穿插出巷弄关系，它们自然地生长，沿着主街的周线延伸开去，每栋建筑在保持个性的同时，又注重协调和统一。轻井泽王子购物广场——西武集团轻井泽王子休闲度假中心的设施之一——日本最大的奥特莱斯，约有200家店铺集聚，从欧美的大牌到日本本土的中线品牌，乃至一些小商品集成店一应俱全。这是一个典型的TOD式的商业建筑综合体，在新干线轻井泽站下车后步行即可直接到达奥特莱斯商业区。这样度假客人在经过大规模采购后，就可以提袋直接回到东京都，最大限度地减少了提袋负重的负担。除去高铁接驳，这里还预留了7个大小不同的停车区，以满足大规模的停车需求。但与城市型的TOD发展项目不同的是，这里的奥特莱斯的建筑与自然的结合更加紧密，商业建筑之间围合的水系，宛如一个内部的公园。

③ 轻井泽完善的小镇内部公交体系包括信浓铁道、滑雪列车、滑雪班车、西武观光巴士＆西武高原巴士、轻井泽循环巴士、红巴士、星野穿梭巴士以及人力车等。而其完善的街道步行空间由自行车道、步行道、盲道、婴儿车道组成。每5m设一个座椅，座椅靠背上均贴有轻井泽旅游地图。

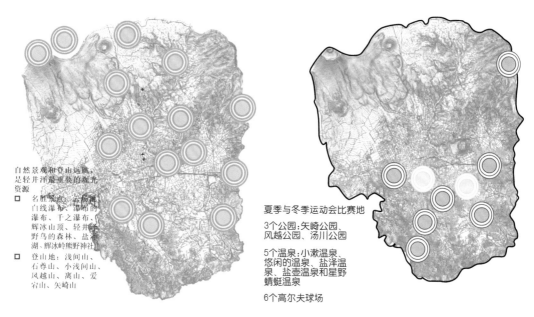

自然景观和登山远眺，
是轻井泽最重要的观光
资源
☐ 名胜景点：云场池、
白线瀑布、瀑布的
瀑布、千之瀑布、
辉冰山顶、轻井泽
野鸟的森林、盐泽
湖、辉冰岭熊野神社
☐ 登山地：浅间山、
石尊山、小浅间山、
风越山、离山、爱
宕山、矢崎山

夏季与冬季运动会比赛地

3个公园：矢崎公园、
风越公园、汤川公园

5个温泉：小濑温泉、
悠闲的温泉、盐泽温
泉、盐壶温泉和星野
蜻蜓温泉

6个高尔夫球场

图 3-187 轻井泽自然景观和登高远眺点　　　　图 3-188 轻井泽主要体育设施空间分布

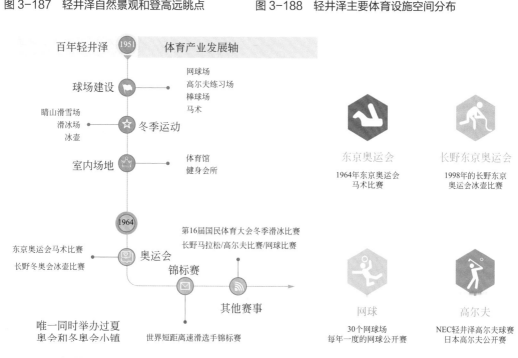

图 3-189 轻井泽典型功能的产业发展轴分析

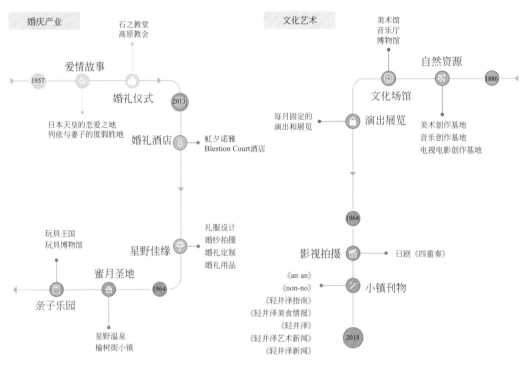

图 3-189 （续）

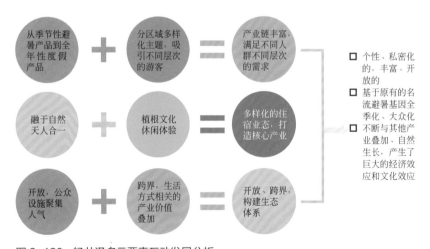

图 3-190 轻井泽多元要素互动发展分析

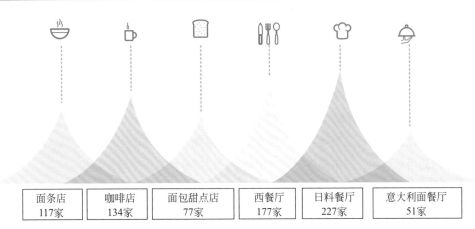

图 3-191　轻井泽的功能和餐饮等一览
（资料来源：本埠城乡小镇研究报告．重新解读轻井泽，发现小镇的世界规律本埠城乡咨询有限公司网站）

第4章 县域国土空间总体规划

4.1 目标与传导

涞源目前位于多元协同的发展格局之下：一方面，作为县域板块的排头兵，涞源能够为周边县域群的发展注入动力；另一方面，周边县域群的协同发展又可以从旅游、文创等层面为涞源的发展赋能。在此基础上提出了涞源的战略目标体系，并将其进行细分拆解，通过指标体系进行管控，如图4-1所示。

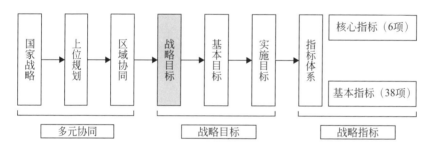

图4-1 多元协同视角下的涞源战略目标和指标分析路线图

4.1.1 战略目标体系

1. 基本目标

提出创建生态宜游、绿色宜业、文化宜居的首都后花园的战略规划目标，并根据涞源的发展路径将其进一步细分，其中基本目标1和基本目标2是面向生态旅游目标、基本目标3和基本目标4是面向绿色宜业目标、基本目标5和基本目标6是面向文化宜居目标。

基本目标1：服务生态消费，涵养生态资源，优化生态利用。

基本目标2：联合县域资源，创建优质服务，发展文创旅游。

基本目标 3：发展绿色经济，优化产业结构，培育新兴产业。

基本目标 4：满足就业需求，集中产业布局，扩增规模效应。

基本目标 5：盘活文化资源，传承历史文脉，缔造多元文明。

基本目标 6：保障公服水平，推动居民共融，提升社区活力。

2. 实施目标

针对每项基本目标，按照多个维度对其提出了可供评估的实施目标，以期切实推动涞源的战略发展，如表 4-1 所示。

表 4-1　涞源县战略实施目标

基本目标 1：服务生态消费，涵养生态资源，优化生态利用

（1）【生态保护】保护自然环境，涵养生态资源。
　　①山：矿山修复与治理；
　　②水：强化泉群治理；
　　③林：保障森林覆盖率；
　　④田：保障基本农田；
　　⑤湖：综合管控污水处理；
　　⑥草：维护草地生态多样性；
　　⑦气：大气污染综合管控。
（2）【生态利用】构建可持续发展利用模式，促进健康生活模式。
　　①山：地热资源利用；
　　②水：保障用水体系；
　　③林：构建生态廊道；
　　④田：促进高效多元开发；
　　⑤湖：提升水资源涵养能力；
　　⑥草：促进荒草地开发；
　　⑦气：推动低碳经济结构优化。

基本目标 2：联合县域资源，创建优质服务，发展文创旅游

（1）【旅游服务】提升旅游服务水平，带动全时全季全产业发展。
　　①提升旅游配套服务水平；
　　②优化对外交通便捷性；
　　③促进全季全时旅游业开发；
　　④联动上下游产业链发展。
（2）【文旅结合】激活文化节点，促进新老城区与新旧文化协同发展。
　　①构建全县域文化旅游体系；
　　②平衡新老城区旅游资源开发；
　　③孕育新兴文旅产业节点。

基本目标 3：发展绿色经济，优化产业结构，培育新兴产业

（1）【优势产业升级】推动农业多元升级，促进旅游业全域发展。
　　①大力发展特色农业，精准匹配农林牧渔产品；
　　②结合当地资源，从单点主导模式向全域旅游模式转型；
　　③限制高能耗、高污染产业无序扩张，发展低能耗、低污染产业。

（2）【新兴产业培育】瞄准区域定位与需求，促进全产业链联动发展。

①基于土地与劳动力优势，承接非首都功能与产业；

②基于资源优势与产业布局，促进多元产业联动发展。

基本目标 4：满足就业需求，集中产业布局，扩增规模效应

（1）【多口径就业配置】基于人群就业特征，精准匹配就业岗位。

①推动农业产业升级，增强就业人口吸纳能力；

②合理配置二、三产业比重，匹配人口就业能力；

③培育高素质科技人才，为远期创新驱动发展奠定基础。

（2）【产业群集中发展】大力推动产业发展区，局部创新产业有所突破。

①以第二产业为主，提供综合配套服务；

②突破发展文创产业与总部经济，拉动全县经济增长。

基本目标 5：盘活文化资源，传承历史文脉，缔造多元文明

（1）【历史文化激活】强化历史文化格局，激发传统文化活力。

①山水格局文化：五龙戏水，三水同源；

②军事古道文化：太行八陉，八大名关，长城遗存；

③城市宗教文化：文化遗址，庙寺塔坛；

④山水景观文化：规划布局营造，文化旅游开发。

（2）【新兴文化构建】塑造新兴文化节点，促进新旧文化交融。

①文化构建：旅游文化、生态文化、工业文化与总部小镇文化；

②文化交融：打造综合文化交融区。

基本目标 6：保障公服水平，推动居民共融，提升社区活力

（1）【城市环境优化】集约建设用地开发，保障公共服务水平。

①识别低效利用土地，限制土地无序扩张；

②建设区域精明增长，维护城市生态格局；

③合理设置邻里中心，保障教育、医疗等公共服务设施供应充足。

（2）【社区生活营造】构建商业活力体系，促进多元居民共融。

①延续老城商业街区文化，链接新区关键活力节点；

②多元人口合理布局，构建和谐社区环境。

4.1.2　战略指标体系

为了进一步将战略目标落实和量化，涞源政府制定了"6+38"的战略指标体系，其中"6"为 6 项核心指标，"38"为基于战略目标提出的 38 项基本指标，如表 4-2 所示。

其中，6 项核心指标包括 2 项与人相关的指标和 4 项与地相关的指标，用以管制县域的发展规模，保障精明增长的基本核心前提（见表 4-3）。

38 项基本指标中，生态宜游系列注重保住底线、提升质量；绿色宜业系列注重经济规模与发展效率；文化宜居系列强调路径依赖与集约发展（见表 4-4）。

表 4-2 "6+38" 战略指标体系

6 项核心指标	38 项基本指标	
常住人口规模	生态宜游 (13 项)	生态保护与利用 (6 项)
常住人口城镇化率		旅游发展与服务 (7 项)
城乡建设用地面积	文化宜居 (12 项)	文化传承与保护 (5 项)
永久基本农田面积		社区共融与活力 (7 项)
森林覆盖率	绿色宜业 (13 项)	绿色产业与发展 (9 项)
生态红线控制面积		就业配置与人口 (4 项)

表 4-3 核心指标体系

类别	指标名称	指标类别	现状	2035 年
人	常住人口规模 /万人	预期性	28.9	34 ~ 36
	常住人口城镇化率 /%	预期性	47.4	65 ~ 70
地	城乡建设用地面积 /km²	预期性	61.0	53.4
	永久基本农田面积 /km²	约束性	240.31	240.31
	森林覆盖率 /%	约束性	35.1	60
	生态红线控制面积 /km²	约束性	519.6	1420.1

表 4-4 基本指标体系

战略目标	基本目标	指标名称	指标类别	现状	2035 年
生态宜游	生态保护 与利用	农田储备 /km²	预期性	—	220 ~ 280
		生态空间管控区 /km²	预期性	—	2100 ~ 2200
		基本农田净转入 /km²	预期性	—	40 ~ 60
		耕地保有量 /km²	预期性	302.8	261.0
		限制建设面积 /km²	约束性	218.9	218.9
		工矿用地面积 /km²	约束性	27.9	8.7
	旅游发展 与服务	第三产业占 GDP 比重 /%	预期性	49	55 ~ 65
		年均旅游人次 /万人次	预期性	103	> 250
		通用机场建设（是 / 否）	预期性	否	是
		财政收入（旅游业）/财政总收入	预期性	0.6	0.6 ~ 0.7
		财政收入（旅游业）/财政支出（旅游业）	预期性	0.82	1.1 ~ 1.3
		游憩体系与廊道 /个	预期性	—	2
		高铁站建设（是 / 否）	预期性	否	是

战略目标	基本目标	指标名称	指标类别	现状	2035 年
绿色宜业	绿色产业与发展	GDP/ 亿元	预期性	64.2	> 200
		人均 GDP/ 万元	预期性	2.3	> 6
		单位建设用地地区生产总值 / (亿元 /km²)	预期性	1.1	> 3
		第二产业生产总值 / 万元	预期性	27.7	70 ~ 100
		中心区工业用地占建设用地比例 /%	预期性	7.6	15
		高新技术产业产值占 GDP 比重 /%	预期性	—	> 5
		文化创意产业产值占 GDP 比重 /%	预期性	—	> 5
		单位产值能耗 / (吨标准煤 / 万元)	预期性	1.31	减少
		财政支出 / 财政收入 /%	预期性	338	减少
	就业配置与人口	城镇人均可支配收入 / 万元	预期性	2.3	> 6
		农村人均可支配收入 / 万元	预期性	0.7	> 3
		人口老龄化率 /%	预期性	8.3	8 上下浮动
		第二居所人口 / 万人	预期性	—	5 上下浮动
文化宜居	文化传承与保护	国家级文保单位 / 个	预期性	3	增长
		省级文保单位 / 个	预期性	4	增长
		县级文保单位 / 个	预期性	20	增长
		市级非物质文化遗产 / 个	预期性	2	增长
	城乡共融与活力	文化创意产业园区 / 个	预期性	—	> 1
		人均建设用地面积 / (m²/ 人)	约束性	211.1	152.6
		现状建设用地面积减量 /km²	约束性	—	8.54
		空心村拆迁数量 – 近期 / 个	约束性	—	49
		空心村拆迁数量 – 远期 / 个	约束性	—	77
		新建筑基准控制高度 /m	约束性	—	60
		大型文化设施总量 / 个	预期性	1	增长
		小学数量 / 个	预期性	173	减少

4.2 山水有道：减量提质　生命共适

4.2.1 "三区三线"及管控

综合双评价分析、既有法定规划以及地方和区域诉求，形成了涞源县县域用途管制的基本格局和面积比例等结论。在此基础上，形成了生态控制区、限制建设区、集中建设区等原则和空间管制策略。

1. 生态控制区

原则：生态空间面积不减少、功能不降低。

空间管制策略分为以下几点。

（1）生态保护红线内：禁止开发行为，近期腾退90%居民点和采矿区，远期全部转移；农田逐步退耕，修复生态；现状工业分类分批转移。

（2）永久基本农田内＆法定保护区：严格管控影响生态功能的各类开发活动。

（3）生态控制区内其他地块（按区域位置分类）。

（4）生态保护区内村镇：逐步引导影响生态保护或存在安全隐患的产业搬迁，严控新增产业；拆除违章违建、补充基础设施、严格控制建设规模；林木逐渐转为公益林，利用荒山荒草地，增加绿色空间。

（5）景观开发区内村镇：以生态旅游为导向，保留改造为主，建议编制村庄规划，完善基础设施；村镇附属农田以景观农业为导向，发展精品农业；严禁破坏生态的产业活动，开展必要的生态修复工程；拆占比在1∶0.7左右。

2. 限制建设区

原则：集约发展，减量还绿。

空间管制策略分为以下几点。

（1）拆除违法建设，对于保留建筑，不得随意改变用途或进行改扩建。

（2）普通镇：引导现状分散、低效的建设用地实施腾退减量，优先推动位于规划绿地和生态廊道上现状低效建设用地、集体产业用地腾退，向集中建设区转移，腾退后用地优先还绿。

（3）重点镇：通过农业产业结构转型、建设郊野公园和游憩绿地等方式进一步扩大生态空间。促进现有宅基地按照集约用地要求进行存量改造，优化村庄布局。

3. 集中建设区

原则：新增城市建设项目原则上应在集中建设区内进行布局和建设，要严格控制集中建设区以外的各项城镇建设活动。集中建设区内应有序推进城市化，优化建设用地功能结构，提高建设品质；鼓励存量更新改造，实现建设用地集约高效利用。

不同分区的空间策略如图4-2所示。

存量

增量

集中建设区

平原地区村落
分散性城镇建设用地
特交水用地
农用地

限制建设区

生态保护红线
永久基本农田保护红线&法定保护空间
其他有重要生态格局功能区域

生态控制区

图4-2 不同分区的空间策略示意图

4.2.2 绿色景观休憩体系：大区域画意人居塑造

1. 太行山暗夜星空区、长城国家散步道

结合发展阶段、地方资源和区域供需条件，涞源绿色景观休憩体系是营建大区域的画意人居体系，形成自然、文化、聚落的大艺术骨架。具体来说，包括：将太行山生态走廊打造成暗夜星空区；打造长城文化带为景观游憩带；以县内主要景点和制高点为景观眺望点，形成两带多点的景观体系。在太行山国家森林步道的基础上拓展拒马河湿地段和乌龙沟长城段，形成连接周边县城和县内各景点的纽带，并辅以重要的门户节点，拓展商业服务功能，如图4-3、图4-4所示。

2. "两带""八片""多廊"的绿色空间布局

1）两带

"两带"指太行山生物走廊和依托长城文化带的观景走廊。生物走廊自太行山向燕山山脉延伸，在涞源境内南起古北岳，经仙人峪、空中草原、飞狐峪，最后经横岭子出涞源。该区域以生态保护红线和生态管控区为依托，

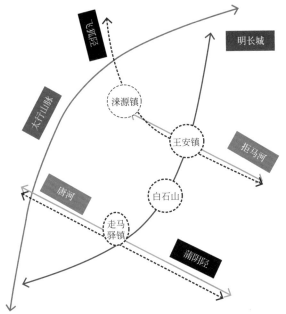

涞源
以太行山脉和明长城为屏障
以拒马河和唐河为倚靠太行
八陉之二穿县而过一城两镇
的格局。

北面蔚县小五台；
南接恒山古北岳；
西往山西灵丘县；
东临易县易水湖。

图 4-3　涞源县的绿色景观体系结构分析

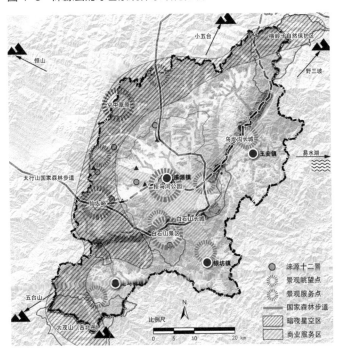

图 4-4　涞源县绿色空间结构规划图

修复生态、恢复生物栖息地，并保护水源。

景观走廊自古北岳起向东北，经白石山沿白石山长城和乌龙沟长城至横岭子，连接京西百渡休闲度假旅游聚集区和古北岳文化生态旅游聚集区。

2）八片

"八片"指乡镇组团间和重要的生态涵养地区，建设的 8 处自然斑块；2 处自然保护区，包括横岭子自然保护区、古北岳自然保护区；1 处水源涵养区，主要是拒马河湿地；5 处风景名胜区，主要包括西北部的空中草原、南的白石山森林公园、西部的仙人峪，在此基础上新增浮图峪长城公园、唐河生态连接带。

3）多廊

"多廊"指绿蓝网络利用既有的放射状道路和河流，补充两带之间的生态空间。蓝网方面，在拒马河泉群和唐河周边修复绿地，形成亲水空间；推进防洪防灾工程，营造安全、舒适的滨水区域。绿网方面，则是将主要景区之间的公路作为线性空间生态保护和修复的重点区域，形成山水城连续一体的生态网络格局。涞源县绿地系统规划如图 4-5 所示。

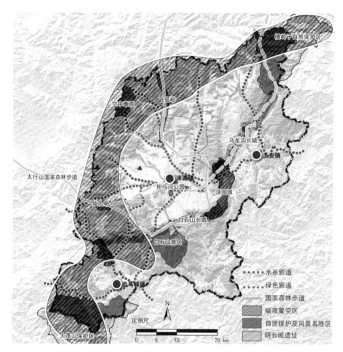

图 4-5　涞源县绿地系统规划

4.2.3 生态修复：腾退修复 保山育水

1. 低效空间与空间腾退（修复）

在腾退空间识别方法上，主要是对现状建设用地（区分采矿用地）、耕地与生态红线重叠的区域进行识别，划入腾退空间；被切割的小斑块根据面积比例对斑块整体进行判断。其腾退空间识别的目的是，该空间是未来近期需要重点关注的区域，由于这些地区的生态重要性高，在近期进行重点迁出，依据新的规划分区，按照各区域的管控要求修复生态；远期预计全部退出，如图4-6 ~ 图4-8所示。

用地	腾退空间面积/km²	现状用地面积/km²	比例/%
采矿	13.51	27.93	48.4
建设	4.34	59.77	7.26
耕地	18.22	302.73	6.01
合计	36.07	390.43	9.24

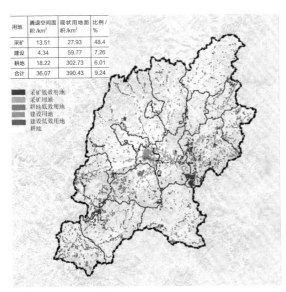

图4-6 涞源县低效用地空间分布

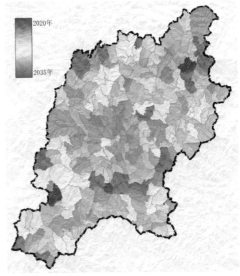

图4-7 低效用地腾退修复时序

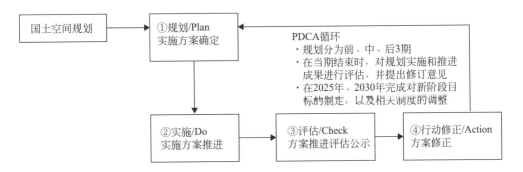

图4-8 根据 PDCA 循环的生态修复时序

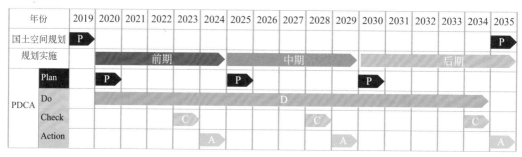

年份		2019	2020	2021	2022	2023	2024	2025	2026	2027	2028	2029	2030	2031	2032	2033	2034	2035
国土空间规划		P																P
规划实施					前期				中期					后期				
PDCA	Plan		P					P				P						
	Do							D										
	Check					C					C					C		
	Action						A					A					A	

图4-8（续）

2. 生态修复导向

根据风貌分区规划图以及杜能农业区位论模型，划定修复地段的定位和目标，总体分为景观价值高的适宜开发区和潜力区，以及生态价值高的资源保护区和景观保护区，如图4-9、图4-10所示。

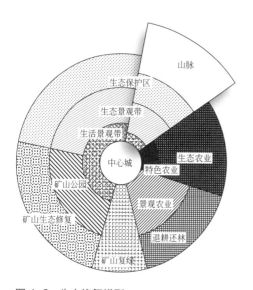

图4-9　生态修复模型

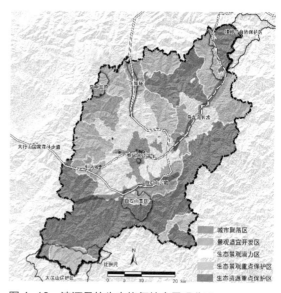

图4-10　涞源县的生态修复结合景观分区

耕地修复主要涉及如下空间分区：特色农业修复区（经济作物）、景观农业修复区（休闲、观光）、生态农业修复区（生物友好型、降低环境影响力）以及退耕还林区，如图4-11、图4-12所示。

特色农业修复区

景观农业修复区

生态农业修复区

矿山生态修复区　　　　　矿山景观修复区

⋯⋯ 退耕还林区
● 矿山复绿区
● 林业修复区

图4-11　涞源县生态修复构成及空间分布

　　采矿区生态修复的任务是修复被破坏的、受损的山体，恢复生态环境的自身可持续发展能力，形成自我维持的生态平衡体系。修复的主要对象是露天采矿场地、地下开采的影响区、排土场、选矿尾矿库、堆浸场、管线填埋区等，如图4-13、图4-14所示。

　　森林修复则根据现状林木分布和风貌分区规划图，划定森林生态修复规划分区及其目标。森林修复主要包括：生活环境保护型（主要集中在中心城等集中建设区附近的城市环境修复，以迎合人对景观的多样性需求，创造"庭院化"的城市景观。同时，这个区域内的树林应该起到森林和城市景观的过渡作用）、森林修养型（面向散步、观光、采摘等的生活景观带，观光环境再创造，适当增加树种多样性，保护古树的生长环境，游步道附近可使用低矮树种）、生态保护型（生态景观带保护优化；生态保护区，保证景观面的完整性）、敏感环境保护型（生态景观带景观修复；面向水土流失治理的生态防护），如图4-15、图4-16所示。

水环境修复。水资源空间管控：依据蓝绿体系规划，对重要水域廊道及其流域进行管控。其中，重要水源涵养区要加强水源涵养林建设，禁止新建有毒有害物质排放的工业企业，现有工业废水排放须达到国家规定的标准。水生态保护区要切实保护野生动植物及其栖息环境，严格限制新设排污口，加强温排水总量控制，温泉地热资源丰富的地区要进行合理开发，如图4-17、图4-18和表4-5所示。

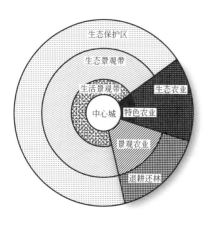

图4-12　农业空间生态修复模式图

图4-13　农业空间生态修复典型修复方式

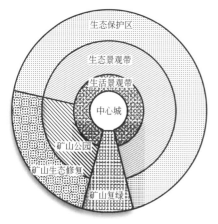

图4-14　矿山空间生态修复模式图

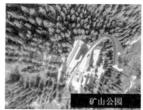

图4-15　矿山的典型修复方式

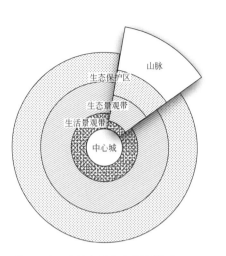

图 4-16　森林空间生态修复模式　　　　　图 4-17　森林生态修复的典型方式

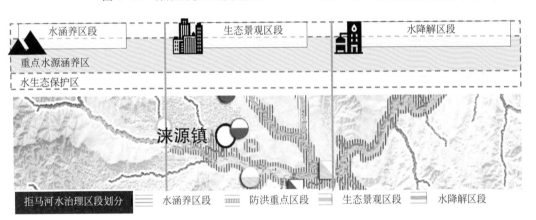

图 4-18　涞源拒马河水治理区段及划分

表 4-5　涞源水源管制区的面积和比例

管制区	面积 /km²	比例 /%
重要水源涵养区	588.82	24.22
水生态保护区	243.60	10.02
合计	832.42	34.24

此外，对涞源的大气治理从低碳发展的角度进行了策略分析，如图 4-19～图 4-21 所示。

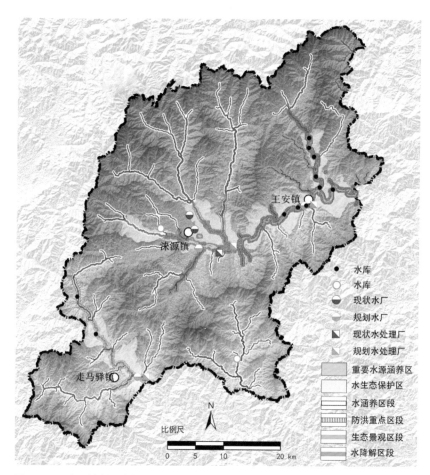

图4-19 水源管制区空间规划

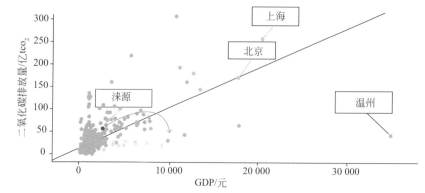

图4-20 涞源的低碳发展水平

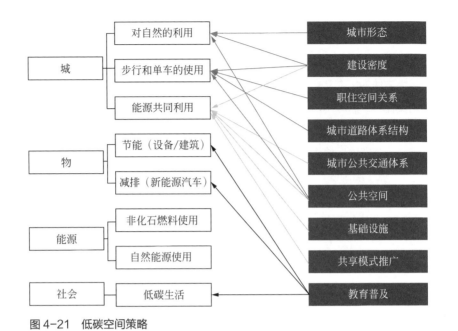

図 4-21　低碳空間策略

図 4-22　涞源文化精华廊道和精华区

4.3　文化遗产空间战略

4.3.1　文化特色区和文化精华核心区保护

根据涞源不同文化的分布特征和集中程度，划定 5 片文化精华区和 1 处文化特色区。5 片文化精华区包括：以长城军事文化为特征的乌龙沟文化精华区、以地质山水文化为特征的白石山文化精华区、以传统山水文化地区和名洞古村文化为特征的空中草原文化精华区以及横岭子文化精华区、仙人峪文化精华区，如图 4-22 所示。

4.3.2 传承：文化复兴、山水营城

涞源承接首都北京3条历史文化带的保护格局，构建对接北京长城文化带为主线的历史文化保护与传承体系；以山水景观文化支撑对接西山—永定河文化带、涞源两河文化带保护与建设；并以古城聚落文化、佛道信仰文化来支撑易涞文化带的保护与建设，希冀形成"三区、两道、五片、三线、一核心"的整体保护格局，如图4-23所示。

"三区"指山区、浅山区、平原区。涞源文化遗产数量和特色具有重要的"垂直分带特征"。

（1）海拔较高的山区拥有亘古及今的自然山水精华，其文化遗产传承可以以红色文化、自然科考文化为核心，通过带动山区文化复兴，实现山

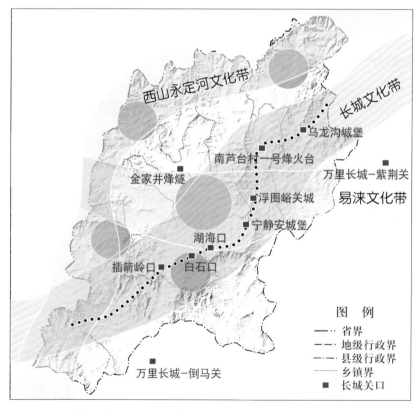

图4-23 承接首都北京3条文化带思路下的涞源县文化遗产保护继承和利用整体格局

区整体生态环境保护。

（2）浅山区以多元包容的人类起源文化、宗教文化、工业文化、农耕文化为核心，加以保护传承和利用，带动浅山区发展。

（3）平原区突出表现了随时代变迁的涞源地域精神，未来发展以古城文化、宗教文化为核心，促进沿线城镇发展，如图4-24所示。

"两道"指飞狐陉和蒲阴陉两条历史文化廊道。具有拓展文化内涵，实现历史古道的文化交融和统筹带动作用。其中，飞狐陉突出其与空中草原文化精华区、横岭子文化精华区等的整合，同时突出与蔚县、小五台以及宣化等历史文化资源独具特色的地区进行区域延伸。蒲阴陉连接了下游的曲阳北岳庙、唐县古北岳和倒马关以及山西方向的五台山和北岳恒山，如图4-25所示。

"五片"指加强历史文化与自然资源整体保护利用。

（1）乌龙沟文化重点片区：长城军事文化地区。加强周边环境整治，构建文化展示平台，打造国际文化旅游区。

（2）白石山文化重点片区：地质山水文化地区。加强生态环境保护，通过文化旅游提升国际休闲度假功能。

（3）横岭子、仙人峪、空中草原文化重点片区：传统山水文化地区和

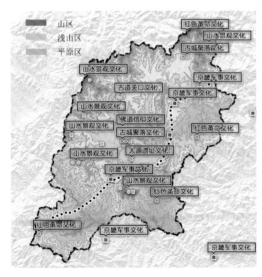

图4-24 涞源3个自然区下的文化构成

图4-25 两条陉道视角下的文化构成

名洞古村地区。加强生态环境保护，完善配套旅游设施，带动全域旅游发展，促进传统村落保护，如图4-26所示。

"三线"指打造3条文化精品线路。即长城精华文化游赏线路、古道印记&民俗风情文化游赏线路、生态休闲文化游赏线路，如图4-27所示。

图4-26　涞源文化精华区节点　　　　图4-27　涞源文化旅游路线规划

4.4　县域国土空间总体布局

4.4.1　县域土地利用

涞源县土地利用类型以林地、草地等自然生态类型为主，耕地面积集中在涞源盆地和坡度较缓的浅山区，城乡建设用地集中在盆地中部以及一些河谷、山谷地带。其中，自然保护与保留用地占涞源土地的56.88%，林地占26.27%，耕地占12.54%，城乡建设用地占2.53%，采矿用地占1.15%，如表4-6所示。

1. 县域国土空间结构优化——战略导向与原则

生态宜游原则。优先满足和保障生态用地需求，保障农业用地需求尤其是耕地资源，保护自然环境，涵养生态资源，构建可持续发展的生态利

表 4-6 涞源县土地利用现状（2016 年）

用地类型			面积 /hm²
农林用地	耕地（12.54%）	水田	265.98
		水浇地	1636.43
		旱地	28 380.01
		耕地合计	30 282.42
	种植园用地	果园	263.08
		其他园地	0.99
		种植园用地合计	264.06
	林地（26.27%）	灌木林地	6107.84
		其他林地	25 618.54
		有林地	31 712.75
		林地合计	63 439.13
	其他农用地	设施农用地	82.19
		坑塘水面	18.31
		沟渠	86.72
		其他农用地合计	187.23
	农林用地合计		94 172.84
建设用地	城乡建设用地（2.53%）	建制镇	1251.39
		村庄	4849.48
		城乡建设用地合计	6100.86
	其他建设用地	公路用地	824.90
		铁路用地	82.05
		采矿用地（1.15%）	2785.84
		风景名胜及特殊用地	165.79
		水工建筑用地	14.28
		其他建设用地合计	3872.86
	建设用地合计		9973.72
自然保护与保留用地（56.88%）	湿地	内陆滩涂	3307.95
	其他自然保留地	裸地	6774.74
		其他草地	126 672.92
	陆地水域	河流水面	614.94
		水库水面	13.19
	自然保护与保留用地合计		137 383.73
总计			241 530.29

用模式，对全域山水林田湖草进行统筹安排，明确规划导向，提出结构优化、布局调整的重点和方向。

绿色宜业原则。优化城镇工矿用地，积极修复粗放的工业发展过程中对环境的破坏，解决传统采矿业效率低下等问题，寻找新的经济增长极和土地再生产模式，使得第二产业更好地服务于环境、服务于人民。

文化宜居原则。以协调基础设施用地、提升国土景观风貌为原则，对全域内各类建设用地进行统筹安排，确定城乡建设用地、基础设施用地等主要用地的约束性和预期性指标，识别低效利用的土地，限制村庄和城镇的无序蔓延，建设区域合理精明增长，土地价值进一步凸显。

2. 县域土地指标管控和土地减量

开发适宜性减量方面包括：生态保护红线内的农业用地、采矿用地、城乡建设用地减量；永久基本农田内采矿用地和城乡建设用地减量；生态保护重要性高的地区内的农业用地、采矿用地和城乡建设用地减量；一级农业空间内的采矿用地和城乡建设用地减量，如图 4-28 所示。

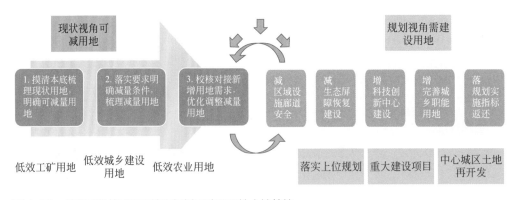

图 4-28 涞源县现状可见用地和规划需建设用地土地管控

扶贫及城镇化减量方面包括：贫困村、空心村异地搬迁减量；基层村、一般镇等末端行政区由于人口大量流出进行建设用地减量；中心镇、中心城区由于人均建设用地过高需要进行存量改造；识别低端产业和低效用地。

1）耕地结构优化——生态优先、低效还林

2016 年涞源县现状耕地有 302.8 km²，包括 283.8 km² 的旱地，

16.3 km² 的水浇地和 2.66 km² 的水田。人均耕地面积 0.108 hm²，略高于河北省平均水平 0.087 hm² 和全国平均水平 0.097 hm²。为保障粮食安全和自主性，同时考虑到涞源县农业人口的就业问题和特色农业的发展需求 ①，结合双评价结果，在未来的规划中涞源人均耕地面积取河北省平均水平，为 0.087 hm²，如图 4-29 所示。

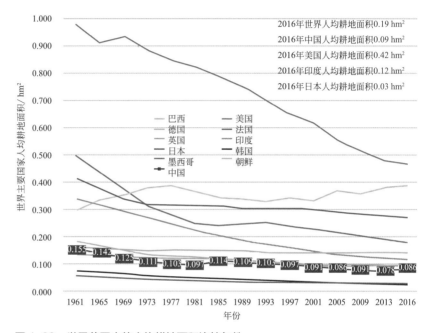

图 4-29　世界范围内的人均耕地面积比较年份

减少涞源耕地面积的理由是，在过去几十年中，温饱问题作为主要矛盾导致农民拼命地开荒拓地，以至于很多不适于耕作的林地、草地甚至是水体山体都成为效率比较低下的耕地（涞源由于地形坡度较大，耕作条件一般，超 6 成土地不适宜耕作）。如今，生态价值更加突出，温饱问题不再是主导矛盾，涞源县应该将那些严重不适于耕作的土地逐步地退耕还林、还草、还水，让其逐步"荒野化"（rewilding），如图 4-30 所示。

按照 2035 年涞源县人口 30 万的目标以及人均 0.087 hm² 的指标计

---

① 涞源县农业总体不具有比较优势，不适宜耕作传统油料、蔬果等作物，但坚果、中药材、林业集聚度高，具有比较优势。

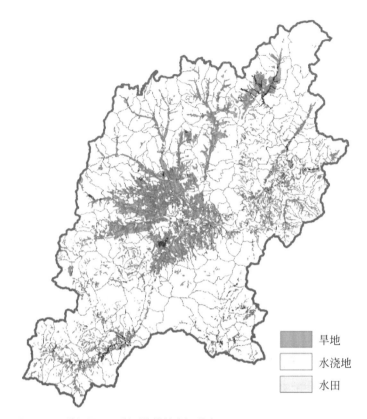

	旱地
	水浇地
	水田

图 4-30　涞源县不同类型的耕地空间分布

算，2035 年耕地面积在 261 km² 左右，比现状耕地面积减少了 41.8 km²。
这些减量还林还草还水的耕地主要涉及到生态红线内的 17.3 km² 旱地、
0.57 km² 水浇地、0.25 km² 水田以及其他 23.64 km² 的低效农田。

2）采矿用地修复

现状采矿用地面积 2784.89 hm²，绝大部分位于杨家庄镇境内，产业
空心化严重，土地效率极低。减量的工矿用地主要包括位于基本农田中的
2.65 km²，储备农田内的 1.85 km²，生态红线内的 13.50 km² 以及生态
控制区内的 1.21 km²，总计 19.21 km²。

3）村镇集约紧凑发展下的建设用地减量

现状城镇建设用地 12.51 km²，村庄建设用地 48.50 km²。现状人均
建设用地 217.65 m²/ 人，远高于适宜性指标 150 m²/ 人，用地低效、分散、

空置化严重。规划期的目标是人均建设用地面积从 217.76 m^2/人减少到 152.65 m^2/人，用地布局更加紧凑。2035 年，建设用地减到 54 km^2 左右。其中，城镇建设用地为 38 km^2 左右，村庄建设用地 16 km^2 左右，如表 4-7 所示。

表 4-7　涞源县土地利用规划表（2035 年）

用地类型		面积 /hm^2
农林用地	耕地	26 100
	种植园用地	264.06
	林地	67 880.69
	其他农用地	187.23
	农林用地合计	94 431.98
建设用地	城乡建设用地	5342.75
	其他建设用地	2151.05
	建设用地合计	7493.8
自然保护与保留用地	自然保护与保留用地合计	139 604.51
总计		241 530.29

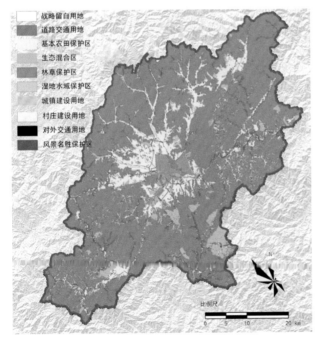

图 4-31　2035 年涞源县土地利用规划图

具体来讲，其减量用地包括位于基本农田内的 11.03 km^2 的建设用地，村庄搬迁整治后的 6.39 km^2 用地、生态红线内的 3.85 km^2 用地以及生态控制区内的 1.62 km^2 建设用地。主要的减量路径包括：积极推进城乡建设用地向中心县城集中，实现用地的集约高效；积极推进村庄的搬迁、疏解工作，实现农村空置宅基地的有效保护和利用。

总体来讲，耕地适当减少，退耕还林还水还草，林地泽增长超过 40 km^2，城乡建设用地则减少了近 8 km^2，自然保护区增长超过 20 km^2，如图 4-31 所示。

3. 县域村落分类

涞源村落分类的目的是促进城乡融合发展、促进涞源生态环境的修复和建设用地紧凑发展。为此，第一步通过多要素进行村落发展的指数评价分析（见图4-32），第二步在分类技术路线基础上进行村庄发展的分类。从搬迁、疏解、补偿、减量等方面，将涞源县村庄分为8类，如图4-33所示。

一类搬迁村。搬迁理由是人口规模过小（300人以下）。共27个村庄，搬迁人口6009人，可减少村庄建设用地144.15 hm²。

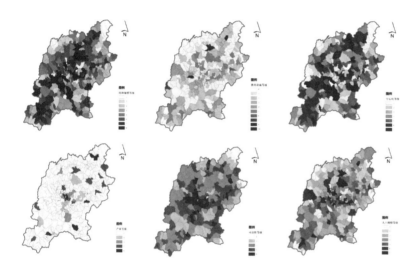

图4-32　涞源县不同村庄的发展指数多维分析

图4-33　涞源县村落分类

二类搬迁村。搬迁理由是村庄大部位于生态红线或基本农田内，建议建设用地减量与搬迁。共 22 个村庄，搬迁人口 11 777 人，可减少村庄建设用地 167.49 hm²。

一类疏解村。疏解理由是村庄建设用地部分位于生态红线内和基本农田中，且人口规模较小（800 人以下），可达性较低（小于等于 5 级），共 16 个村庄。近期搬迁人口 4415 人，远期剩余 5247 人全部搬迁，共搬迁人口 9662 人，近期减少村庄建设用地 108.89 hm²，远期全部搬迁，总计可减少村庄建设用地 171.86 hm²。

二类疏解村。疏解理由是村庄建设用地部分位于生态红线内和基本农田中，且可达性极低（小于等于 3 级），共 12 个村庄。近期搬迁人口 942 人，远期剩余 6744 人全部搬迁，共搬迁人口 7686 人；近期减少村庄建设用地 53.22 hm²，远期全部搬迁，总计减少村庄建设用地 134.15 hm²。

一类补偿村。补偿理由是村庄建设用地大部位于生态红线内和基本农田中，但村庄人口较多，可达性等级高（大于等于 5 级），具备发展条件和潜力，共 15 个村庄。保留人口 20 871 人，减少村庄建设用地 269.07 hm²，补偿建设用地 135.94 hm²，目标建设用地面积 250.45 hm²。

二类补偿村。补偿理由是村庄建设用地少部分位于生态红线内和基本农田中，但人口较多，可达性等级高（大于等于 5 级），具备发展潜力，共 34 个村庄。保留人口 31 156 人，减少村庄建设用地 268.33 hm²，补偿建设用地 58.38 hm²，目标建设用地面积 373.87 hm²。

基本减量村。减量理由是村庄建设用地少部分位于生态红线内和基本农田中，人口与土地比例良好，可达性等级高（大于等于 5 级），建议保持现状，共 47 个村庄。保留人口 37 016 人，减少村庄建设用地 220.75 hm²，目标建设用地面积 497.25 hm²。

集约减量村。减量理由是村庄可达性较高（大于等于 5 级），现状用地较为分散，人均建设面积过高，共 83 个村庄。保留人口 72 168 人，近期减少村庄建设用地 782.18 hm²，远期减少村庄建设用地 144.34 hm²，远期目标建设用地面积 938.18 hm²。

4. 县域村镇体系：一主两副，四核多点

选取人口规模较大、可达性等级较高、现状教育设施较为齐全、产业等级较高的村庄发展中心村。其划分标准是村庄中心度 ≥ 15。共 44 个中心村，集聚人口 42 978 人，占村庄总人口的 35.5%。

在城乡统筹类型和中心村基础上，进行乡镇板块划分，共分为 9 大地理板块：大县城板块（涞源镇、白石山镇、南屯镇、北石佛乡、金家井乡）、王安板块（王安镇、乌龙沟乡、塔崖驿乡、烟煤洞乡）、走马驿板块（走马驿镇、南马庄乡）、留家庄板块、水堡板块、上庄板块、东团堡板块、杨家庄板块、银坊板块。

进而根据乡镇中心度评价，形成两个中心镇——王安镇（辐射乌龙沟乡、塔崖驿乡、烟煤洞乡）、走马驿镇（辐射南马庄乡），其他板块建设一般镇，直接对接中心县城。

最终形成"一主两副，四核多点"的县域城乡体系。"一主"即县城组团；"两副"为王安组团、走马驿组团；"四核"指中心城区由 4 个核心构成——涞源镇、开发区、涞源湖新城、白石山旅游小镇；"多点"为 13 个一般镇、44 个中心村、135 个基层村。

涞源县城村镇体系如图 4-34 ~图 4-38 所示。

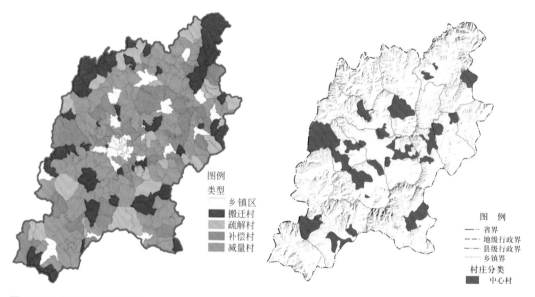

图 4-34 涞源县村庄分类

图 4-35 涞源县中心村空间分布

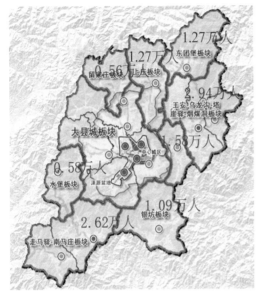

图 4-36　涞源县村镇版块分析

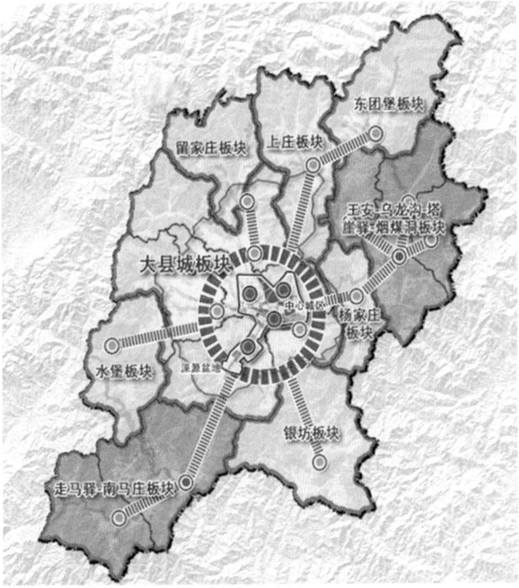

图 4-37　涞源县中心 - 副中心分析

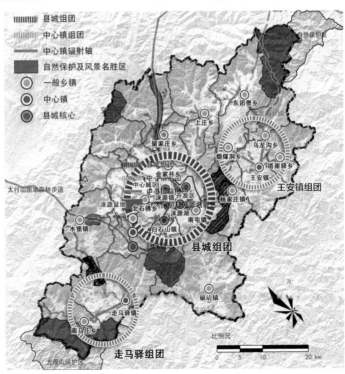

图 4-38　涞源县村镇体系结构

4.4.2 县域总体空间结构：两轴两带，一主两副，四核多点

"两轴"指白石山—拒马河综合发展轴、飞狐—银坊次级发展轴。这是东西向的两条贯通太行山，连接涞源本身和区域的两条重要点轴。"两带"指太行山生态保护带、长城文化带。这是相对南北风向的两条轴带，一条突出了其生态自然保护的比较特色，一条突出了其长城文化遗产特色。

"一主"指以县城为主的中心城区。这与上述"两轴两带"呈交相拱卫的关系。县域村镇体系的"两副"，即两个中心镇，分别是位于拒马河流域的王安镇、位于唐河流域的走马驿镇。王安镇具有重要的交通和产业条件，走马驿镇有重要的空间资源和农业资源，中心镇承担着重要的居住服务和基本公共服务设施均等化的功能发挥。

"四核"指构成中心城区或者集中建设区的 4 个核心，分别是涞源镇、涞源开发区、涞源湖新城以及白石山旅游小镇。"多点"则是指涞源县城外围的 15 个乡镇，如图 4-39 所示。

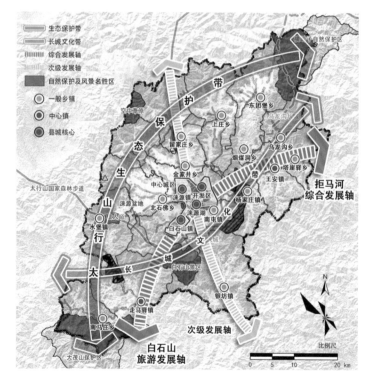

图 4-39　涞源县总体空间结构规划图

4.5 县域设施支撑体系

按照县域城乡体系规划，县域公共服务设施形成中心城区－中心镇－一般镇等级有序的 3 级格局。中心城区建设高水平的教育、文化、医疗、体育设施，以 5 min－15 min－30 min 圈层覆盖全域；中心镇建设中学、中心小学和次级文化、医疗、体育设施；一般镇建设普通小学和基本卫生服务中心，如图 4-40、图 4-41 所示。

图 4-40　涞源县生活圈模式

图 4-41　涞源县社会设施规划

县域重大基础设施规划方面，抓住津石高速的建设优化县域交通体系，预留高铁站（乌大保高铁，即乌兰察布—大同—保定），促进连接轨道上的京津冀；预留通用机场，增强通航能力，带动区域经济，如图 4-42 所示。

县域公路网体系规划。国道体系 G108、G112、G207，连通杨家庄镇、王安镇、乌龙沟乡、塔崖驿乡、上庄乡、水堡镇、走马驿镇、南马庄乡、北石佛乡、金家井乡；二级公路体系注重提升原有道路等级，连通留家庄乡、银坊镇；三级公路体系覆盖所有乡镇，并基本连通中心村，如图 4-43 所示。

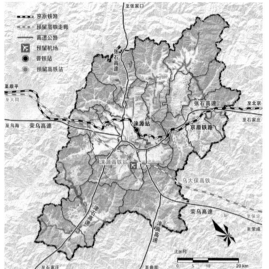

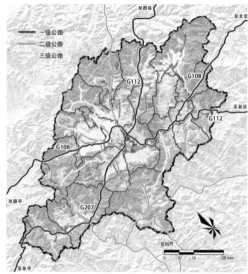

图 4-42 涞源县对外交通规划　　　　图 4-43 涞源县公路体系规划

第5章　中心城区规划

中心城区规划是在集中建设区基础上，拓展到整个涞源盆地范围内进行研究，主要包括土地策略、功能结构、规划布局与风貌设计 4 个层面的内容。

5.1　中心城区土地减量优化：精明增长、集约发展

5.1.1　土地存量利用结构优化

基于涞源地形限制、现状功能分区与未来发展格局，对城乡建设用地的格局进行剖析（见表 5-1）：整体上处于粗放利用、分散发展的格局，其中城乡建设用地以 11 : 9 的比例分布，分别是 22.16 km^2、18.09 km^2。相对而言，村镇土地利用较为分散与粗放。

表 5-1　城乡建设用地现状分析

用地类型	用地面积 /hm^2	占比 /%
基本农田保护区	13 187.0	26%
一般农地区	3863.5	8%
城镇建设用地	2215.7	4%
村镇建设用地	1809.3	4%
工矿用地	950.0	2%
林业用地	7538.4	15%
其他用地	21 184.4	42%
总计	50 748.5	100%

进一步聚焦在 18 km^2 的村镇用地之上，根据村镇用地分布的形态，将其分为 3 个片区，其中面状与线状集中片区可依靠产业发展实现城镇化，而对于分散片区则需要通过现有功能升级实现路径依赖的发展（见图 5-1）。

其中，对于依靠路径的北部分散片区，制定了综合规划策略。基于一体化盘活"文化 + 生态 + 产业"资源的规划策略，结合文化、生态与产业资源对村落进行了整合，制定了一山一村一田一片区的一体化规划（见图 5-2）。

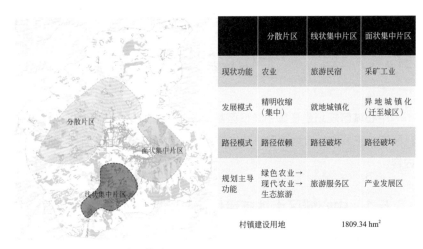

	分散片区	线状集中片区	面状集中片区
现状功能	农业	旅游民宿	采矿工业
发展模式	精明收缩（集中）	就地城镇化	异地城镇化（迁至城区）
路径模式	路径依赖	路径破坏	路径破坏
规划主导功能	绿色农业→现代农业→生态旅游	旅游服务区	产业发展区

村镇建设用地　　　　　　　　　1809.34 hm²

图 5-1　村镇建设用地发展策略

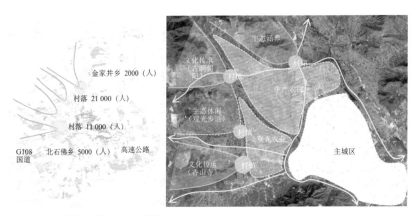

图 5-2　北部分散片区综合规划

5.1.2　土地总量优化与发展路径

对于土地总量，以人均建设用地指标为核心，为实现 2035 年人均建设用地面积 150 m² 的减量，需要完成 6.5 km² 的城乡建设用地减量，并以此制定相应的土地总量发展策略：短期内少量土地增量以推动县域发展，长期内实现土地总量的减量目标（见图 5-3）。

土地减量方面，现状城镇建设用地和功能结构如图 5-4 所示。当前建设用地结构的 4 大问题是：①公共服务设施配置较少，城镇低质扩张。②商业与绿地不足，难以支撑旅游业。③低效居住用地占比过高。④迅猛

年份	2017	2018	2019	2020	2021	2022	2023	2024	2025	2026	2027	2028	2029	2030	2031	2032	2033	2034	2035
人口数量/万人	13.0	13.6	14.1	14.7	15.2	15.8	16.3	16.9	17.4	18.0	18.5	19.1	19.6	20.2	20.7	21.3	21.8	22.4	23.0
规划人均建设用地面积/m²	315.0	305.5	296.0	286.5	277.0	267.5	258.0	248.5	239.0	229.5	220.0	210.5	201.0	191.5	182.0	172.5	163.0	153.5	150.0
规划总建设用地面积/km²	41.0	41.4	41.7	42.0	42.1	42.1	42.1	41.9	41.6	41.2	40.7	40.1	39.4	38.6	37.7	36.7	35.5	34.3	34.5
建设用地面积净减量/km²	0.0	-0.4	-0.7	-1.0	-1.1	-1.1	-1.1	-0.9	-0.6	-0.2	0.3	0.9	1.6	2.4	3.3	4.3	5.5	6.7	6.5
	近期允许增量满足城乡发展需求										远期规划减量精明增长集约发展								

建设用地面积净减量 =现状建设用地-当年人口数量×当年规划人均建设用地面积

8
7   6.7 6.5
6   5.5
5   4.3
4   3.3
3   2.4
2   1.6
1 0   0.3 0.9
0
-1 -0.4 -0.7 -1.0 -1.1 -1.1 -1.1 -0.9 -0.6 -0.2
-2

图 5-3 土地总量发展策略

序号	用地性质		面积/hm²	比例/%	面积/hm²	比例/%
1	公共管理与公共服务设施用地	总计	66.85	3.0	126.53	7.0
		行政办公用地	18.09	0.8	21.59	1.2
		文化设施用地	6.07	0.3	2.96	0.2
		教育设施用地	14.88	0.7	92.84	5.1
		医疗卫生用地	13.22	0.6	9.14	0.5
		文物古迹用地	14.59	0.7	0.00	0.0
2	商业用地	总计	60.09	2.7	39.01	2.1
3	居住用地	总计	1363.09	61.5	1338.18	74.0
4	绿化与广场用地	总计	18.71	0.9	5.34	0.3
5	工业用地	总计	306.36	13.8	0.00	0.0
6	道路交通用地	总计	286.16	12.9	139.73	7.7
7	其他用地	总计	114.46	5.2	160.56	8.9
	城镇建设用地	总计	2215.72	100.0	1809.35	100.0
	城镇建设用地				村镇建设用地	

<问题1> 公共服务设施配置较少城镇低质扩张

<问题2> 商业与绿地不足难以支撑旅游业

<问题3> 低效居住用地占比过高

<问题4> 迅猛扩张无长效机制

城镇建设用地
- 公共管理与公共服务设施用地 3.0%
- 商业用地 2.7%
- 居住用地 61.5%
- 绿化与广场用地 0.9%
- 工业用地 13.8%
- 道路交通用地 12.9%
- 其他用地 5.2%

村镇建设用地
- 公共管理与公共服务设施用地 7.0%
- 商业用地 2.1%
- 居住用地 74.0%
- 绿化与广场用地 0.3%
- 工业用地 0.0%
- 道路交通用地 7.7%
- 其他用地 8.9%

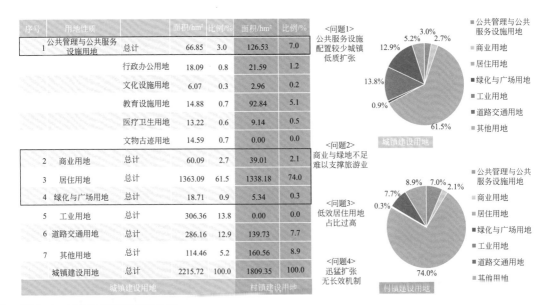

图 5-4 城乡建设用地现状分析

扩张，无长效机制。

　　将现状用地与远期的规划建设用地进行比对，并参照当前的人均用地面积标准，制定了以居住用地减量提质为核心的精明发展的土地利用策略：居住用地减量 1300 hm²；公共服务设施用地、商业用地与绿化用地增量400 hm²；工业用地增量 300 hm²；最终实现 600 hm² 的建设用地总减量。

　　按照山水城人关系，将县城细分为生活服务区、产业发展区、综合文化区、风景旅游区、绿色经济区与涵盖生态、运动与游憩功能的生态涵养区（见图 5-5、图 5-6）。

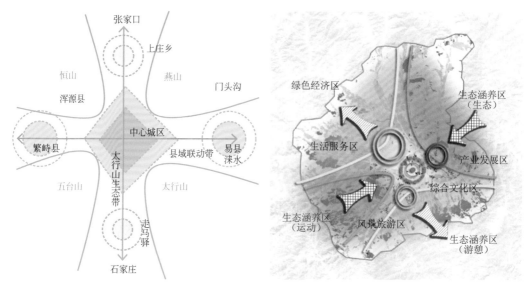

图 5-5　中心城区及与不同尺度区域经济联系方向　图 5-6　功能分区
　　　　聚落的关系

　　伴随城市功能的发展与产业结构的优化，未来涞源就业重心将进一步变化，形成第三产业主导的就业格局。预计到 2025 年，各功能区提供就业岗位数量的排名为：生活服务区＞风景旅游区＞综合文化区＞产业发展区＞绿色经济区＞生态涵养区；到 2035 年则可能变成：风景旅游区＞生活服务区＞产业发展区＞综合文化区＞绿色经济区＞生态涵养区，如表 5-2 所示。

　　就业重心实际上牵引区域的发展策略重点，因此在未来 15 年中，涞源的中心城区结构将由"一心一带"演变为"单中心、多节点"的结构，如图 5-7 所示。

表 5-2　不同功能区不同时序的发展重点

功能区	—2025 年	—2030 年	—2035 年
生活服务区	○补足配套服务	○○置换低效用地	○拆迁低效用地
风景旅游区	○○○强化服务能力	○限制无序开发	○限制无序开发
综合文化区	○完成基础建设	○○发展高端地产	○○○综合文化服务
产业发展区	○○集中产业用地	○○○承接首都产业	○○发展高端产业
绿色经济区	○发展绿色农业	○村镇用地集中	○发展高端农业
生态涵养区	○村镇用地搬迁	○生态资源涵养	○生态资源涵养

注：图中○数量表示主次关系。

　　对 6 个区域制定了分期分区的建设用地拆建定量策划。空间上表现为三增三减，其中增量为：风景旅游区、综合文化区与产业发展区；减量为：生活服务区、绿色经济区与生态涵养区。在时序上表现为由拆建并举到拆迁放缓，最终形成总量平衡（见图 5-8）。

图 5-7　规划结构发展路径

	年份 土地增减总量/km²	—2025 年 -4	—2030 年 -5	—2035 年 -6
城镇居住 用地拆迁	生活服务区	-2	-1	-1
综合功能 用地增加	风景旅游区	+1	0	0
	综合文化区	0	+1	0
工业用地 增加	产业发展区	+2	+1	0
村镇居住 用地搬迁	绿色经济区	2	-1	0
	生态涵养区	-3	-1	0
	拆建策略	拆建并举	拆迁放缓	总量平衡

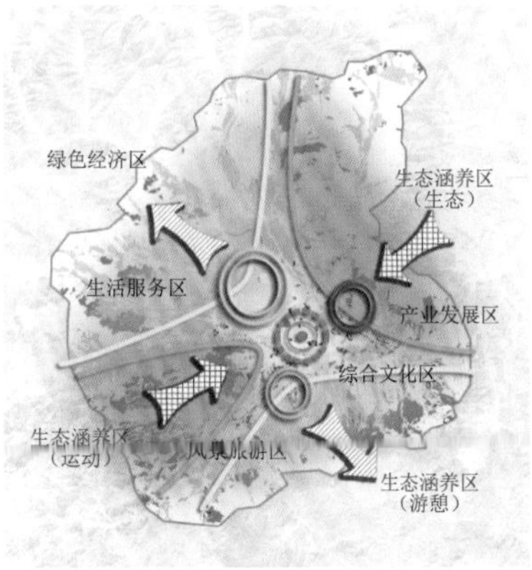

三增：风景旅游区 综合文化区 产业发展区
三减：生活服务区 绿色经济区 生态涵养区

图 5-8　分区建设用地拆建定量分析（单位：km²）

基于精明增长（严格管控城市增长边界）、确立弹性的城市规模制度和城乡共融（联动城乡多元资源）、促进一、二、三产业协同发展的思路，形成了国土空间规划的分区管制模式，即"群山环绕，众星拱月"（见图5-9、图5-10）。其中，"群山环绕"指生态涵养区，四面环山，东南西北为多元的生态管控区、西北片区维护永久基本农田格局；"众星拱月"指村镇集中，规模效应，大量分散农村集中形成规模农村，部分村镇就地城镇化实现发展。

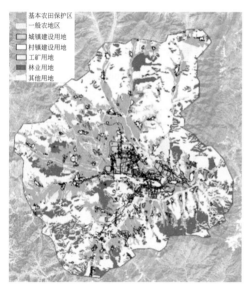
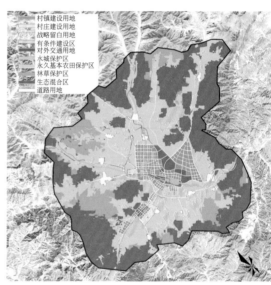

图5-9　中心城区用地现状图　　　　图5-10　国土空间规划分区管制图

5.2　中心城区功能结构：路径依赖与破坏

5.2.1　路径分析：山·水·城·道·人

对目前涞源已批复的重大项目进行了总结，其中，涞源经济开发区、涞源湖度假区与七山滑雪度假区相当程度上决定了涞源中心城区大的发展方向和结构，加上永久基本农田的空间管制，中心城区的核心发展范围基本如图5-11所示。

将现状的保护和限制条件进行归纳，如图5-12所示：①山：五山环绕，

图 5-11　主要城镇建设区划定

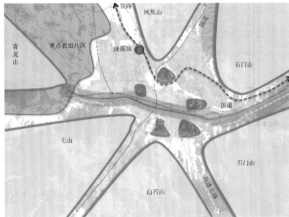

图 5-12　现状限制条件分析

限定城市格局；五峰聚首，汇聚中心城区。②水：拒马河串联公共空间；三泉交汇，塑造城市客厅；多元河流，形成生态脉络。③城：基本农田限定城市范围。④道：十字国道，分割城市象限；京原铁路，串联区域要素；环城高速，限定城市扩张。其中，山、水、城作为远期的限制条件，塑造了基本的功能分区结构，如图 5-13 所示。

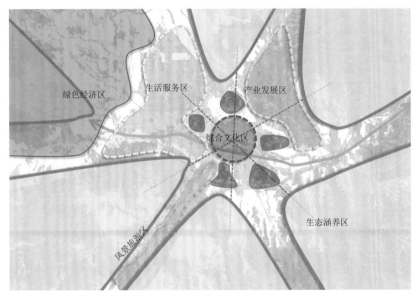

图 5-13　山水道路与城市组团结构

为了维护城市格局，促进产业发展，对"道路交通"这一关键要素进行了调整，包括国道改道（图5-14～图5-16）与高铁站布局（见图5-17），优化了城市要素布局。

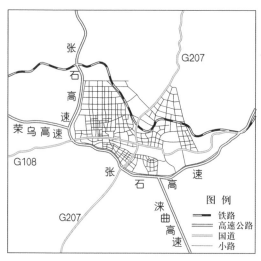

图5-14 当前的涞源县对外交通现状

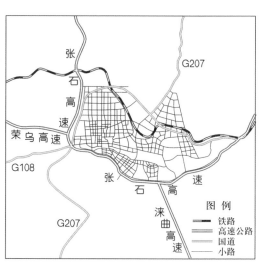

图5-15 国道改线后的道路结构示意

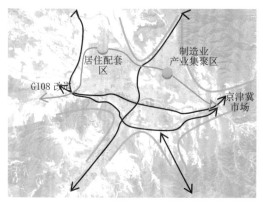

图5-16 国道108改道及所服务的外围组团关系

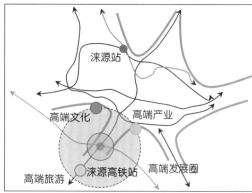

图5-17 高铁站布局

5.2.2 三带三圈

1. 三带

涞源通过串联城乡资源、面向规划目标，在两山定城、三水定格的基本格局下，通过塑造 3 条活力带形成中心城区的基本框架。其中，"绿色宜业带"通过盘活"劳动力＋土地＋资本"，联动第一产业（农业生产区）、发展第二产业（经济开发区），并且带动第三产业（人口密集区＋火车站）。"文化宜居带"旨在打造由历史走向未来的文化走廊：西北部历史文化片区，包括"生态文化区＋农业文化区＋核心文化区"；东南部新兴文化片区，包括"综合文化区＋工业文化区＋未来文化区"。"生态宜游带"通过"生态＋"策略全面激活生态资源（见图 5-18）。

2. 三圈环绕

围绕涞源湖综合中心，形成"生态文明圈""功能活力圈""城乡融合圈"。其中，"生态文明圈"是以涞源湖为中心的旅游、商务与居住综合一体化综合开发区，有五山环绕，其关键行动节点主要由总部小镇、文化创意极两部分组成；"功能活力圈"是由居住—服务—产业组成的三大功能区联合圈，其关键行动节点包括旅游服务与休闲度假、生活服务、装备制造 3 部分；"城乡融合圈"则是群星环绕的村落联动发展片区，其中北部是综合农业片区、南部是旅游服务片区、东部是回迁安置片区（见图 5-19）。最终，依照功能层级对规划结构进行了布局，形成了如图 5-20、图 5-21 所示的规划结构。

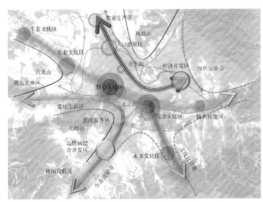

图 5-18　"三带"规划布局策略

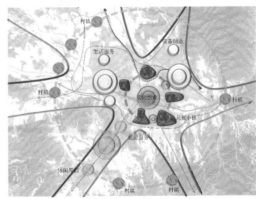

图 5-19　"三圈"的布局结构

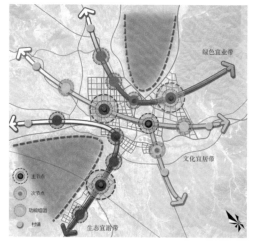

图 5-20 规划结构图

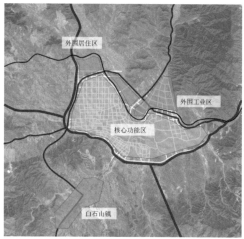

图 5-21 中心城边界与组团

5.3 集中建设区规划布局：资源管制与配置优化

5.3.1 4 大片区、4 大核心

在大县城结构的基础上，在 3 条发展带上设置 4 个中心，这 4 个中心同时也是 4 大组团各自的核心，分别是位于老城的文化、行政中心，位于经济开发区的产业发展中心，位于涞源湖新城的商务新兴中心，以及位于白石山片区的高铁旅游中心，如图 5-22 所示。

文化、行政中心：依托既有发展积累和特色文化历史资源，面向本地人群、旅游人群，发展文化、行政导向的公共服务和配套商业。

产业发展中心：紧邻国道、铁路，奥宇钢铁的工业基础兼顾基础产业与未来发展。既承接京津冀产业转移（装备制造业、新材料业，纺织服装业），又培育高新技术产业（信息业、现代服务业、研发孵化业）。

商务新兴中心：背山面水，生态景观环境良好；位于 4 大组团中心位置，交通便捷。主要面向当地人群、旅游人群、高新创意阶层，提供服务业、商业、商务等服务。

高铁旅游中心：依托高铁站这一区域交通节点，打造环站旅游一站式服务。面向度假旅游人群、高新创意阶层，提供旅游服务业、商务服务，远期规划新增高新产业园。

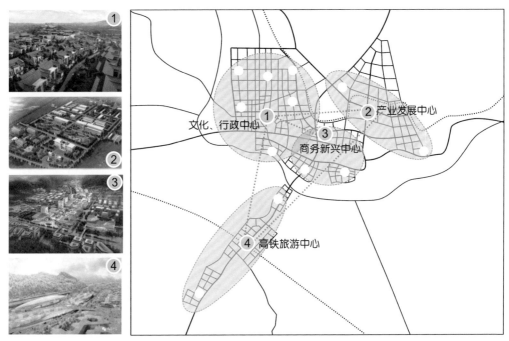

图 5-22　涞源县"4 大片区、4 大核心"空间结构示意

5.3.2　绿地系统：五山环绕、三带五廊

　　基于涞源特色的山水格局，对县城部分的绿地体系进行了重点规划。结合县城盆地五山环绕的大山水背景，规划设计了"三带五廊"的绿化体系，如图 5-23 所示。

　　"三带"为由历史走向未来的 3 条生态走廊，即一条横向的拒马河生态带和两条纵向的山脉生态带，承担通风走廊和划分片区的功能，分别是：西—东拒马河—城市重点景观生态带、西南—东北走向的城市通风走廊（即七山—拒马河湿地公园—烟墩山—凤凰山廊带）和东南、西北走向、隔离工业区组团、串接众多生态节点的走带（即白石山—石门山—凤凰山廊道）。

　　次级的 5 条城市绿廊，则采用"绿色 +"策略来全面激活社区活力。包括复原城西河流的特色滨水绿廊（复原城西河流，形成特色滨水绿廊，沟通主城片区西南、西北两个居住组团）、源起老城拒马源的文化绿廊（以老城组团为起点，途经拒马源、兴文塔、火车站等多个文化节点，打造富有文化气息的绿廊）、联系涞源湖商务中心与总部小镇的活力绿廊（向南沟通白石山风景区旅游片区与总部小镇，向北沟通涞源湖北的综合服务与高端居住组团，是富有商业、创新、生活等多方面活力的绿廊）、承担工业区的公共绿地功能的铁路绿廊（沿铁路线路形成东西向横贯产业区的重要绿廊）以及西南—东北向的生态绿廊（以烟墩山公园、拒马河湿地公园等重要生态绿地为依托的绿廊），如图 5-24 ~ 图 5-26 和表 5-3 所示。

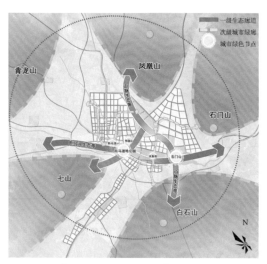

图 5-23 "五山环绕、三带五廊"的绿地系统

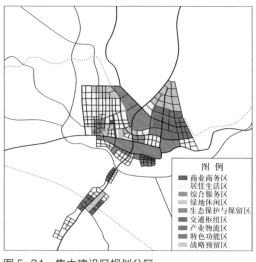

图 5-24 集中建设区规划分区

图 5-25 集中建设区绿化体系

图 5-26 2019—2035 年涞源县中心城区土地使用规划

表 5-3　2019—2035 年涞源县中心城区土地使用规划平衡表

序号	用地性质	面积 /hm²	人均用地面积 /m²	比例 /%
1	公共管理与公共服务设施用地	290.50	12.63	8
2	商务服务用地	274.75	11.95	8
3	居住用地	1635.02	71.09	46
4	绿化与广场用地	312.33	13.58	9
5	工业用地	526.76	22.90	15
6	道路交通用地	453.10	19.70	13
7	其他用地	40.91	1.78	1
	总建设用地	3533.37	153.63	100

5.3.3　道路交通：预留与疏解

交通方面，为加强涞源与京津冀地区的区域联系，在白石山片区规划新建高铁站，未来开通乌大保高铁，同时远期计划在高铁站南部区域范围内设立一处通用机场，以增强交通能力，带动区域经济，如图 5-27 所示。

城市道路网系统方面，为避免过多过境交通干扰城内秩序，将原本穿城而过的国道，改为从北侧绕城而过，保留其原线作为城市主干路。同时依托既有道路骨架与自然地形，优化现有交通，疏通现存断头路，改善三叉、五叉等特殊交叉路口。六横六纵的主干路体系沟通各个组团，次干路和支路主要解决各组团内部的交通，最终形成井然有序的三级道路网系统，如图 5-28 所示。

图 5-27　涞源集中建设区对外交通规划

图 5-28　涞源集中建设区主干路体系规划图

5.3.4 公共设施：供需均衡、邻里配置

需求引导配给，促成邻里中心。公共服务方面，涞源境内每个组团至少集中设置一个公共服务中心，共规划以下5个点："老城核心节点"基于拒马源等公共资源综合布局；"总部小镇节点"基于京冀产业战略的研发中心；"综合文化节点"联合涞源湖综合开发大型文化设施；"产业服务中心"联合涞源湖综合开发大型文化设施，为产业发展提供综合信息化服务；"未来文化节点"联合白石山大剧院孕育新兴文化，如图5-29所示。

优质供给、均衡配置。各项分类公共服务设施的配给，结合组团核心与居住片区进行均衡配置。第一，构建公平优质的教育体系，教育设施布局科学、结构合理、配齐配足，打造生态涵养区教育质量高地。第二，构建城乡均衡的健康服务体系，全人群、全方位、全生命周期健康管理。以区域医疗中心、基层医疗卫生机构为重点，以专科、康复、护理等机构为补充。第三，构建普惠的社会福利服务体系，推动医疗卫生和养老服务资源有序共享，养老资源向居家、社区倾斜，满足多层次、多元化养老需求。第四，构建丰富多彩的文化体育体系，推进公共体育、文化、旅游相融合，层次丰富、多元共享的文体生活，如图5-30所示。

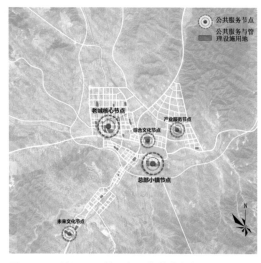

图5-29 涞源县公共服务设施节点规划

图5-30 涞源县集中建设区公共服务设施布局

5.3.5 住区和就业空间：面向可达性和舒适性

居住规划方面，采用组团模式，以功能中心为节点、呈组团分布，如产业功能的总部小镇组团，生态功能的滨河宜居组团。居住产品多元供给，人均居住用地面积从 30 ~ 60 m²/人，适应回迁安置、老有所依、休闲度假、生态旅游等多元的居住需求，使得多收入人群皆有归宿（30 m²/人左右面向"回迁安置、老有所依"；40 m²/人左右面向"老城宜居、滨河新建"；50 m²/人左右面向"功能混合、人群多元"；60 m²/人左右面向"休闲度假、生态旅游"）。同时，基于就业能力就近布局就业，比如，都市农业区与工业园区、商业中心与总部小镇、服务中心与交通枢纽，如图 5-31 ~ 图 5-35 所示。

5.3.6 远景规划布局：继续县城和白石山逻辑

远期规划用地，主要是向县城的北部和南部的白石山片区做进一步的拓展。向北继续延续主城的原有功能，主要是居住和相关的配套商业与公共服务设施。在南部的白石山片区，新增产业园区和通用机场两块功能，同时继续发展基于高铁的旅游服务、商务服务功能和相应用地，如图 5-36 所示。

图 5-31　集中建设区居住用地规划

图 5-32　人居居住面积空间示意

图 5-33　居住人口空间服务示意

图 5-34　涞源县就业主要空间规划

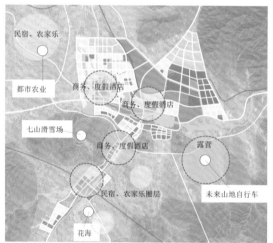

图 5-35　涞源旅游住宿设施空间分布

图 5-36　涞源集中建设区远景规划展望

5.4　山水城风貌景观规划设计：画意栖居

5.4.1　整体保护山水城风貌格局

整体保护县城周边群山形成的双环和藏风聚气的风水宝地，遵循"连绵不绝、神韵不断"的太行余脉，布局建设尊重城中珍稀完整、格局灵动的泉溪湖水系，以栖水筑城，如图 5-37 ~图 5-39 所示。

图 5-37　涞源县城的主要河流水系

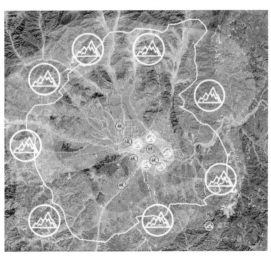

图 5-38　环绕涞源县城的群峰耸立、低丘内聚

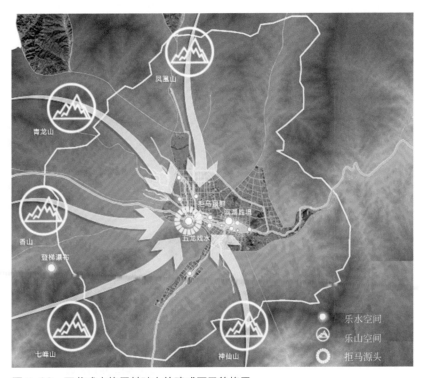

图 5-39　五龙戏水格局基础上的建成区风貌格局

5.4.2 积极创造新的山水城风貌

1. 风貌分区

太行山脉、拒马河将城市景观格局自然分为 4 个象限，各具特色。西北象限为"古城余韵"，代表性景观要素为阁院钟声、拒马之源；东北象限为"滨湖新城"，代表性景观要素为两山之门、湖畔风光；西南象限为"七山之近"，代表性景观要素为七山之雪、镇海禅寺，镇海禅寺在七山进城之尾端形成点睛之笔；东南象限为"白云山远"，代表性景观要素为湖畔基地小镇，远山近水，疏朗有致、蓝绿交织。

进一步形成不同的景观风貌分区：沿拒马河形成涞源县城核心风貌带，西为老城核心风貌区，东为新城次级核心区。太行余脉形成城市绿带风貌区，体现山水城市之特色，如图 5-40 及图 5-41 所示。

2. 景观认知与眺望点

景观认知的方式包括眺望式感知、快速通过式感知以及深入体验式感知 3 类，如表 5-4 所示。

（1）针对眺望式感知的规范重点是进行视廊选择和控制。根据上述分析，眺望点设置了一级景观点和二级景观点两类。一级景观点"贯穿南北纵览全局"，包括飞狐峪、烟墩山、白石山为县城纵轴上的制高点，登临远

图 5-40 规划风貌

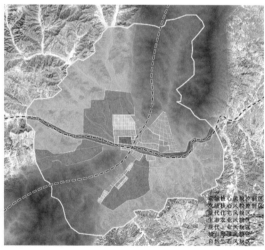

图 5-41 塑造分区

表 5-4　景观认知的分析

景观类型	景观特色	控制要素	主要景观点
眺望式感知	登临山顶，环顾涞源湖畔远眺，前城后山	建筑高度、视线通廊	飞狐峪、烟墩山、涞源湖公园、白石山等
快速通过式感知	亲水漫游，步移景异漫步城区，寻味历史	界面形态、空间连续性	城区重要街道：广昌大街、百泉路、白石山大街、沙河大街、开源路
深入体验式感知	公园绿地，遍布街间开敞空间，活力社区	建筑体量、色彩、自然环境、步行空间	涞源湖公园、烟墩山、涞源全民健身体育公园

望，县城山水尽收眼底，而涞源湖公园为县城内开敞景观点，可感受群山环抱之势。二级景观点聚焦"群山环抱 聚首涞源"，以县城四周之山为观察点，可从不同角度感受县城风光，层次多样。眺望式感知的城区制高点方面，其视点选择以重要历史建筑、重要山脉为选定制高点，全方位多视角欣赏城区景观。其中兴文塔、阁院寺是重要历史建筑，其周边景观具有代表性。烟墩山、涞源湖为现代建设的公园，景观开阔，适宜观景，是城市面貌的展示窗口。视点控制的原则是：人在自然站立时的视野如下：取 ±10° 为观景视野范围，控制建筑高度。据此，涞源建成区的制高点为原点，可内低外高，圈层变化。依据控制点形成高度控制分区，以历史文化区和涞源湖为最低点，向周围逐渐增高。在湖畔空间眺望式感知方面，遵循"前城后山，遥相辉映"的原则，突出自然与人工环境相融，富有节奏韵律，让变化的自然山水再添趣味，如图 5-42 ～图 5-47 所示。

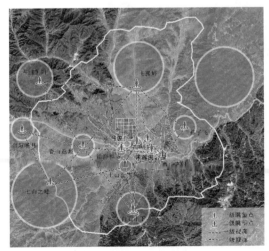

图 5-42　涞源县城眺望点和视廊规划控制

图 5-43　城区制高点分析

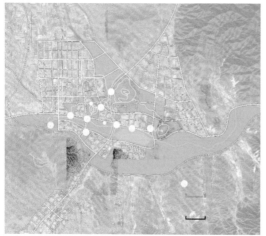

图 5-44　山水体系上的开敞空间　　　　　图 5-45　眺望式感知：高度控制

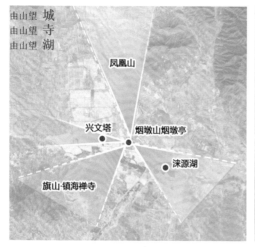

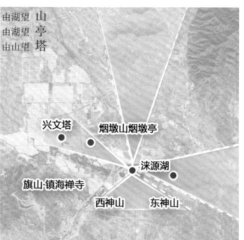

图 5-46　看得见山，望得见水，记得住乡愁——山城相望

　　（2）快速通过式感知。其重点之一是塑造特色街道，对于涞源来讲，可使用"绿道骨架"和"多元活力"的特色营造方式。"绿道骨架"可强化穿城林荫道，打造林荫道十字形道路骨架，让市民、游人随时感受生态城镇特色；"多元活力"可突出"历史文化街"方式（体现历史建筑韵味，小街区密路网布局形态）和"商业活力街"方式（旧城斜街尺度宜人，且位于城市中心地带，可激发周边活力）。城市活力点打造方面，一要重视"活

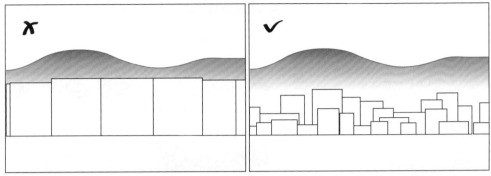

房屋过密，遮挡山势   房屋错落，顺应山势

图 5-47　房屋高度布局与山体的关系

力入社区"，即将公共服务、商业建筑网络编织到街巷空间，充分激发社区
活力；二要"点线面结合"，增加 500 m 半径内绿地空间可达性，并连通
相邻绿地空间，形成城市健康慢行体系。也就是说在特色街道打造的基础
上，特色街道又连接着深入感知的具体空间。社区中嵌套公共服务活力点，
城区中镶嵌公园绿地空间，并用健康慢行体系串联，该体系对人友好，如
图 5-48、图 5-49 所示。

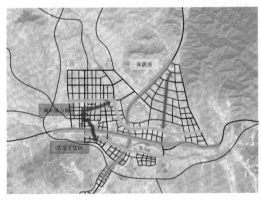

图 5-48　特色空间打造

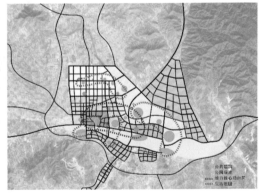

图 5-49　活力空间打造

3. 风貌导则

不同风貌区依据现状资源以及未来愿景形成风貌、色彩控制导则，力
求在规划建设中注重与自然、与文化、与历史乃至与畿辅地区角色的承接
和呼应，如表 5-5 所示。

表 5-5　涞源县山水城风貌下的导则

风貌分区	风貌特色	代表色彩	示例图片		
老城核心风貌控制区	木构建筑、红色墙面、单体建筑体量较小，有轴线式景观	▨▨▨▨	阁院寺	兴文塔	泰山宫
滨湖新城次级核心区	沿湖形成活跃界面，建筑与远山形成层次化景观，大型建筑高度控制在20 m以内	▨▨▨▨	滨湖新城	文化场馆	商业步行街
现代居住风貌控制区	建筑尺度亲人；色彩相对素雅、温馨；界面应变化丰富，避免大面积同质化建筑	▨▨▨▨	滨水住宅	住宅小区	小区内部
城市绿带风貌控制区	绿地为主，少量地区嵌入公共建筑，便于开展市同活动，注意慢行体系的串联	▨▨▨▨	生态步道	街边绿地	生态公园
拒马河生态风貌区	景观开阔，可见远山，单体建筑体量小，打造滨水慢行空间	▨▨▨▨	拒马源公园	涞源湖公园	滨湖步道
现代工业风貌控制区	天际线变化较小，整体稳重，少量重点地段有变化，建筑风格简洁明快，现代感强，组团明确	▨▨▨▨	工业企业	工业园区	工业园区

5.4.3　景观结合生命共同体设计

涞源县城依托拒马河的湿地生态系统，具有自然调节（空气质量调节、气候调节、水资源调节、侵蚀控制、水质净化、废弃物处理、授粉、风暴控制）、生态支撑（初级生产、产氧、土壤形成、氮循环、水循环、生境提

供）、产品供给（食品、纤维、木材、药品、观赏和环境用植物、遗传基因
库、淡水、水能）、文化服务（文化多样性、精神价值、知识系统、教育价值、
美学价值、社会关系感知、文化遗产价值、休闲旅游）等多元功能，进而
形成相应的自然小镇、生态小镇、工业小镇和文化小镇的空间组合，拒马
河沿线形成湿地生态功能区，与县城功能呼应，形成不同类型的生态服务区，
如图 5-50 所示。

图 5-50　集中建设区水体功能区划分和功能安排示意

（1）自然封育区：湿地涵养、注重保护。在拒马源湿地 80% 的地区构
建自然封育区，以强化拒马源湿地的生态功能。地块 A 是涞源拒马河、涞水、
易水的重要源头，作为湿地生态涵养的同时，可以兼顾教育基地，为人们
提供了解湿地奥秘的机会，如图 5-51 所示。

（2）观光游赏区：湿地圣境、多样场景。虽然湿地区域有意限制大量
人流进入，但作为宝贵的教育资源和社会资源，仍为人们提供观察感受的
窗口，并允许开展对自然环境影响较小的活动。地块 B 为畅游河段，自由

图 5-51 拒马河湿地公园的污水横流

穿行；地块 C 为涞源湖湿地，与新城结合，作为市民休闲娱乐场所。

（3）生态降解区：注重下游的两岸生态化建设和再荒野化的自然修复过程。

1. 人的游憩空间

将精华景点串接为内外双环，适宜不同旅游需求的游客，如图 5-52 所示。内环半径 5 km，为精华游憩线。游玩时长总计在 1 ~ 2 天，出行方式是步行、骑行，自中心城区向外，可体会涞源佛家文化余韵和自然山水之景，感受山城交融、步移景异的小城韵味。外环半径 10 km，为乐山乐水游憩线。游玩时长 3 ~ 5 天，游玩方式为"自驾 + 骑行、徒步"。外环线路串联涞源盆地周围山峰，每座山峰各具特色，适宜不同的体验方式，沿途可俯瞰县城美景。

2. 山体和水体作为动植物栖息地保护

涞源湖和拒马河"候鸟翩飞、鱼游浅底"。鸟类都喜欢生活在湿地和沼泽地带，自 2014 年起，滨湖新区旅游综合开发项目第一道橡胶坝蓄水处引来白鹭、水鹳、鸳鸯和野鸭等野生候鸟栖息翩飞。周围山体植被日益繁茂，成为陆地野生动物的重要栖身之所和通道，尤其是涞源白石山上有猕猴出没，可谓"白石奇峰、猕猴嬉戏"，为得天独厚的自然美景再添生趣，如图 5-53 所示。在此基础上，形成生态网络格局保护体系，如图 5-54、图 5-55 所示。

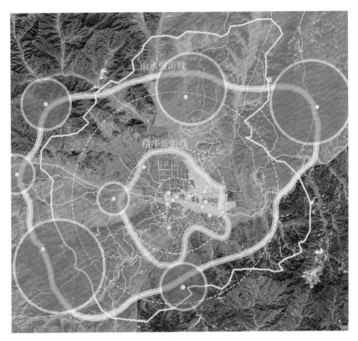

图 5-52　涞源盆地人的游憩空间规划

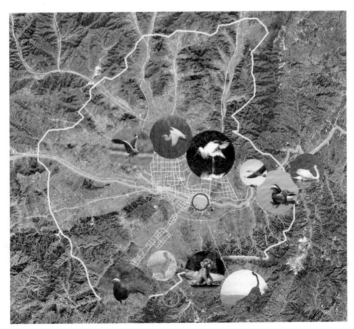

图 5-53　涞源盆地基于山体和水体的生物圈保护规划

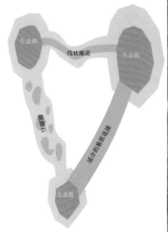

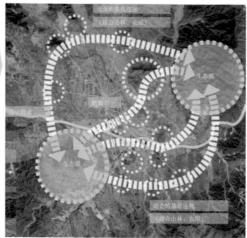

图 5-54　基于生态源和走廊及　　图 5-55　涞源生态网络布局
　　　　踩脚石的生态网络保
　　　　护模式

第6章 精华区城市设计

6.1 山水城"寓景营造"基因挖掘传承：中心城诗情栖居总体设计

从城市设计角度，涞源是一个非常匠心独运、有诗情画意的人居单元，这种样本体现在若干层次。"国之大事，在祀与戎"，在畿辅地区这样一个县城尺度，也充分反映了这种区域的职能。

6.1.1 西北一峰一寺、东南一峰一堡

如图 6-1，图 6-2 所示，从涞源盆地边缘尺度来看，它是一个古代人居单元的完整典型样本。在整个山水体系格局以及农牧交错格局乃至宗教信仰—军事堡垒二元功能格局下，边缘区呈现典型的"屏障"设计理念，在县城的西北方向，在层层叠叠的山冈上分布着反映涞源人民内心精神信仰的寺庙道观，可谓一峰一寺，如登梯寺、香山寺、朝阳长春观、天齐庙、西娘娘庙以及龙王庙等，如图 6-3 ~ 图 6-6 所示。而在县城东南方向的视线停留的层峦叠嶂中则蜿蜒着长城，在峰谷之地是关口，在峰顶之处是长城堡垒，是涞源作为两陉交会、两关夹山峙军事地位的重要反映，可谓"一峰一堡"，如图 6-7、图 6-8 所示。当然这种完整单元，从当前国土空间

图6-1 从白石山峰顶看涞源盆地

图6-2 从白石山峰顶看涞源县城中心区

规划的视角来看，充分反映着古代城乡聚落体系和所在山水林田湖草自然体系之间在发展中的有机组合的高超理念和布局思想。

图 6-3 西北一峰一寺

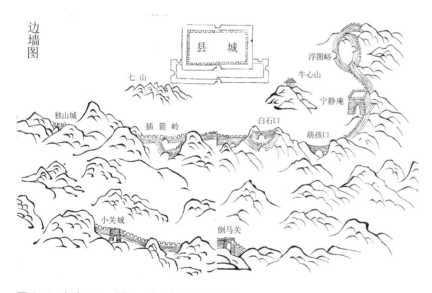

图 6-4 东南一口一城、一峰一堡的军事屏障

图 6-5　二河合流之处高丘上的龙王庙

图 6-6　龙王庙近景

图 6-7　乌龙沟长城的一峰一堡

图 6-8　白石山长城的一峰一堡

6.1.2　城池近郊的 4 座祭坛构成重要的地理文化标识

在外围寺庙堡垒和县城之间广泛分布着农田、山林乃至村落聚落，从《广昌县志》来看，在这个层次中，也具有一个圈层的文化标志体系，那就是反映山水自然崇拜、反映土地稼穑祭祀、反映城池守护等的"祭坛"体系，这些体系构成了县城外围的重要"界定"坐标，如图 6-9 所示。这些分布在丘陵地处、河流高处的祭坛包括西北部的社稷坛、东北部的厉坛、西南部的先农坛以及东南部的山川坛，具体如图 6-10 ~ 图 6-12 所示。

（1）社稷坛：在城北一里，每年春秋仲月上戊日祭。

（2）厉坛：在城北一里半，每年清明中元十月朔日祭告城隍之神祭无祀鬼神。

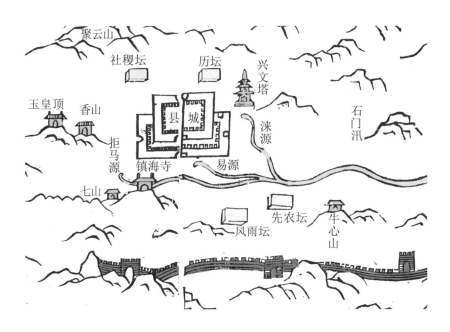

图 6-9　四角四坛体系

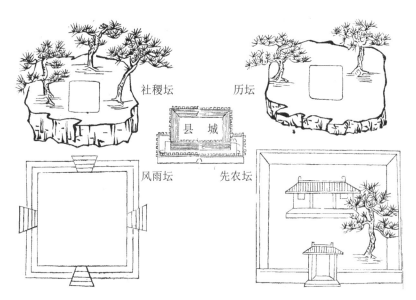

图 6-10　涞源县的 4 个祭祀坛平面形制

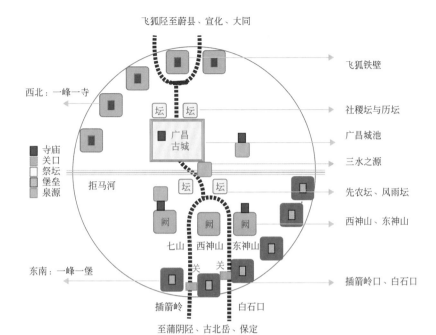

图 6-11 涞源盆地"广昌上河图"人居景观序列

图 6-12 涞源古城东南方向的景观序列

（3）风雨坛：在城南一里，风云雷电神位居坛中，山川神位居左，城隍庙位居右，每年春秋仲月上戊日祭。

（4）先农坛：在城南一里，每岁仲春亥日率属员耆老农夫祭行耕籍九推礼[①]。风云雷电神位居坛中，县社神位居左，县稷神位居右，山川神位居次左，先农神位居次右，每年孟夏择日行礼。

6.1.3 "古城—市井—水口园林"：涞源古城的独特性

从古城尺度来看，涞源称得上是一个中国古代营城的精华样本，如图6-13所示。虽然更多是一个军事堡垒，但涞源古城"城池—市井—水口园林"的骨架非常明显，这种骨架明显是建立在依山就势、功能和艺术有机集合的基础上的。如图6-14所示，在位于地势较高的涞源古城中，除了军事设施（类似明清北京城的凸形城墙以及附属的都关衙署军事设施）外，还拥有地方管理体系（县治衙署、常平仓等）、系统的教育体系（学宫、书院和义学等，如图6-15、图6-16所示）、信仰体系（佛教的阁院寺、道教的城隍庙、儒教和道教兼备的魁星楼等）以及景观体系（如牌楼）。在涞源

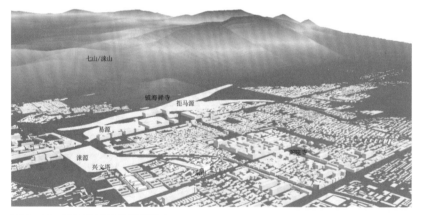

图6-13　涞源县城现状模型搭建

---

①　耕籍礼（又称籍田礼、籍礼、亲耕、躬籍、东耕、千亩之制等）原是周天子于孟春之时率群臣在籍田上举行的耕作劝农仪式。"籍田"又称"䀹田""藉田""帝籍""千亩""王籍"等，是中国古代帝王专辟出来的一块田地，所产主要用于祭祀。耕籍之礼肇始于周代，在两汉继续沿用，至魏晋南北朝时期，耕籍礼虽时断时续，却一直在实行。

古城东南侧是熙熙攘攘的市井之所。砖城建于明洪武十三年（1380 年），周长三里十八步，城墙高三丈五尺，开南北两座城门，城墙四周筑有垛口817 个，四角筑角楼。嘉靖十八年（1539 年）扩建南关外土城，开 5 座城门，形成了与北京旧城类似的凸字形格局。可见涞源南关一带因为泉水充沛，历来都是人口聚集、商业繁盛的所在，时至今日，老汽车站、玉泉商场、超市服装城、自由市场依然位于南关附近。沙河南大街路边的集市熙熙攘攘，从锅碗瓢盆到服装农具、小吃摊位、眼镜鞋帽、古玩家具几乎应有尽有，成为涞源人的重要记忆空间，如图 6-17 及图 6-18 所示。

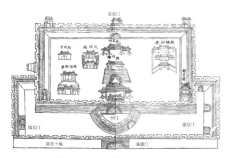

图 6-14 《广昌县志》中所描绘的涞源古城
　　　　形制和功能要素

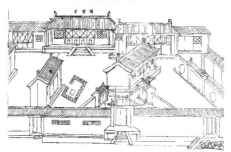

图 6-15 书院

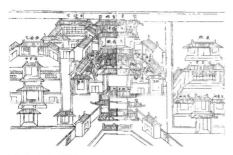

图 6-16 学宫

图 6-17 市场－东关商业街片区

图 6-18　设计地段内的主要城市意象

　　在城池外围东南方向的拒马河源头，也是低洼之处，是依托拒马河源头的水口园林（兴文塔和泰山宫与之毗邻）。因此涞源的拒马河源头可谓是北方的一个重要水口园林，如图 6-19～图 6-21 所示。

6.1.4　山水城区域设计基因传承下的总体设计结构

　　第一，传承"西城东水口"的城市结构。在涞源城市发展中，拒马源头、涞易合流是其重要的山水文化基因，也构成了涞源古城的独特性和宜人性。涞源县城有向东、向南发展的趋势，为此，新的城市结构突出了西城东水口的结构。即依托拒马河，将西北作为城市中心，东南是围绕涞源湖的水口园林，贯彻紧凑型理念，即"古拒马源，今涞源湖"，如图 6-22 所示。

图 6-19　涞源县城东南向的"水口园林"体系

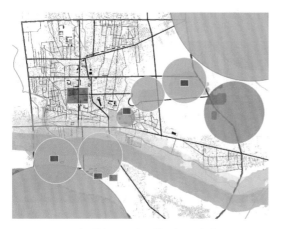

图 6-20　二山竦峙，丘陵垂首，拒马中流

图 6-21　拒马河源头和兴文塔 – 泰山宫南
　　　　　北片区

另外，传承东城西塔的传统，发挥水口"石门山"的天然条件，在山顶建塔，即"古兴文塔，今石门山塔"，如图 6-23 所示。

第二，延续二山竦峙、岗丘环绕的景观格局。在涞源古城的营建理念中，不仅仅有出色的水口园林等场地尺度的景观设置，更有大山大水框架下的大地景观，尤其是自七山经拒马河、拒马源头公园 – 兴文塔，至东北向的大山，形成了围绕古城的东南绿带和公共廊道空间，如图 6-24、图 6-25 所示。在新城市框架中，继续发挥这一传统，将涞源湖和烟墩山作为中间"桥墩"，构建更进一步的绿色桥梁，飞跨拒马河两端的七山和石门山，如图 6-26、图 6-27 所示。

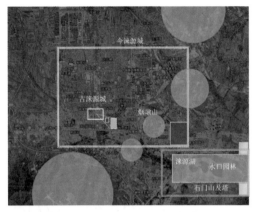

图 6-22　涞源新城组团的城市设计理念

图 6-23　涞源湖及近处的石门山

图 6-24　西城东水口中市井的模式

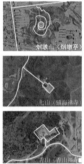

图 6-25　围绕县城周边的山体眺望点

图 6-26　烟墩山西南看向七山及绿化空间

图 6-27　烟墩山东北看向近丘远山

6.2 老城山水城格局传承活化设计

6.2.1 总体目标定位与设计

虽然涞源老城存在历史底蕴不断淡化、建成品质不断降低、生态和环境质量下降、三源泉群没有得到整体形象塑造和空间整合等问题，如图 6-28 ～图 6-30 所示。但整体上，老城的历史格局还在，建筑肌理还比较清晰，建筑高度得到相对较好的控制，关键是山水城格局、城市的开敞空间格局还很完整有序，如图 6-31 ～图 6-33 所示。为此，作为特色的人居环境样本，涞源老城精华区城市设计的目的在于：①保护山水城总体格局。②彰显由七山—拒马源、南关—易水源、兴文塔—涞源形成的秀山秀水组成的连续开敞空间格局（连续水口），提升其空间品质。③强化和彰显涞源古城"古城—市井—水口园林"构成的连续功能空间格局。④彰显"涞源十二景"中有六景在老城内的优势，六景即阁院钟声、弥罗四眺、镇海晚霞、东塔松涛、涞易合流、层楼朝爽。⑤强化涞源古城（广昌古城）的古城格局和阁院寺的独特建筑场所环境，如图 6-34 ～图 6-36 所示。

通过进一步对建筑类型及用地进行分析，包括用地梳理、建筑类型、结项脉络、建筑肌理等方面，形成了涞源老城的整体格局和资源分布图，并在此基础上，通过强化轴线、强化老城、强化市井、强化水口园林等方式加强涞源老城的总体山水城艺术骨架的构建，并对相关地段和样本区域进行更新和活化的时序和方式设计表达，以期映衬老城魅力、延续艺术骨架、修复建筑肌理，如图 6-37 ～图 6-45 所示。

图 6-28　涞源镇海禅寺下的泉水群环境堪忧

图 6-29　水体环境亟须治理

图 6-30　湿地公园周边建设逐步失去控制

图 6-31　从烟墩山看老城的整体高度控制良好

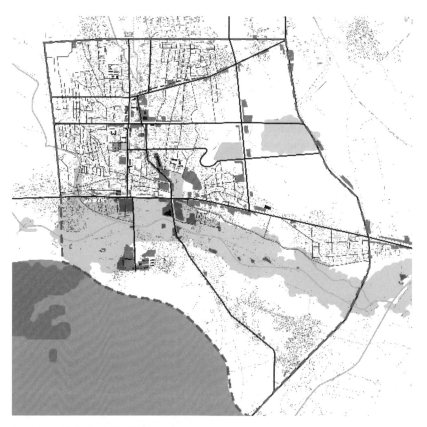
图 6-32　涞源古城余韵犹在

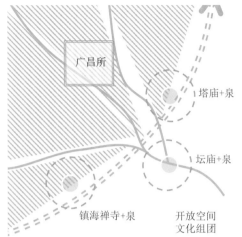

广昌所

塔庙+泉

坛庙+泉

镇海禅寺+泉

开放空间
文化组团

镇海禅寺北望老城和银山铁壁

镇海禅寺西北望县城乡野景观

镇海禅寺至广昌古城和阁院寺视廊

镇海禅寺至兴文塔和泰山宫视廊

图6-33 涞源山水泉和绿化系统与古城的关系

图6-34 七山—镇海禅寺—泉水群—川流体系

图6-35 涞源老城的整体山水城格局

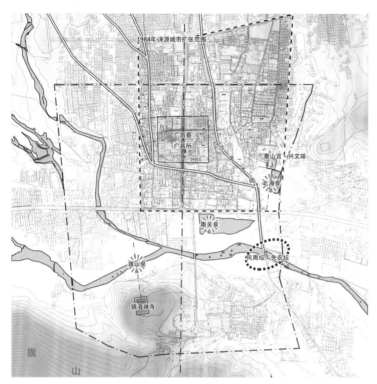

图 6-36　涞源老城的传统格局与重要文化遗产及山水资源关系

图 6-37　街巷体系

图 6-38　涞源县老城地区建筑肌理、道路交通与山水古迹

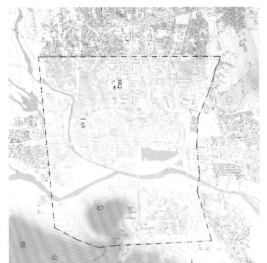

图 6-39 历史建筑

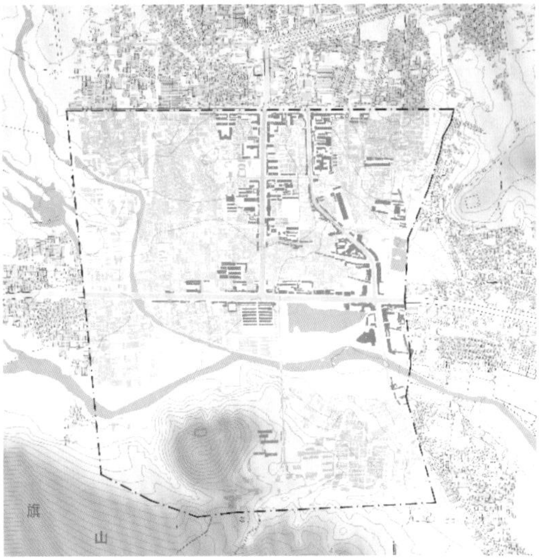

图 6-40 现代建筑

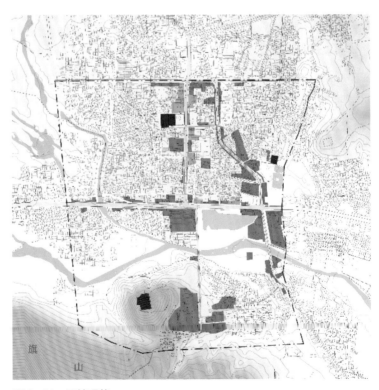

图 6-41 用地现状

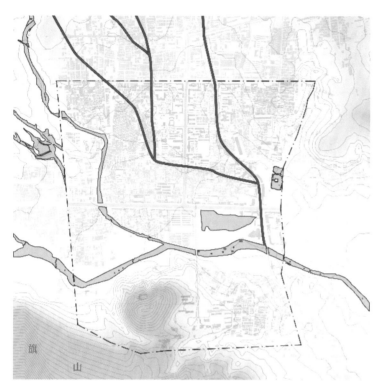

图 6-42　场地条件

图 6-43　传统民居

图 6-44　建筑肌理

图6-45 涞源老城的格局

6.2.2 两条轴线的总体山水城艺术骨架重塑设计

东西向维度，围绕古城、古河道、古塔，重新焕发古城、市井、泉塔的东西排列空间格局，以文化为导向进行城市设计，主要通过以下几点实现涞源县城重塑。

（1）广昌古城突出佛教文化（阁院寺）、儒家文化（书院宫学的遗址格局）和城池格局[1]。重点挖掘与涞源古城墙有密切关系的要素，并通过绿化

---

① 《广昌县志》中"城池"一篇记载，"广昌县城城周三里一十八步，高三丈五尺，垛口八百一十七，角楼四座……"刘荣等.（崇祯）广昌县志 [M]. 台湾：成文出版社,1969，第476页。整座城池坐北朝南，平面形状呈矩形，用石墙垒砌而成。按明营造尺折合城周为1468.60 m，高度11.2 m。横广稍近，纵袤稍宽，故城图与县形相准。

和开敞空间、标识等方法重塑城墙"空间"体系，充分展示城墙遗址的魅力。

（2）市井突出以饮食、商业为代表的世俗文化和活力空间，延续独特的建筑肌理和空间图底关系；形成沿街界面的完整性，以集市为中心营造开放空间、塑造上关（沙河大街）历史文化街道，形成"记忆空间"。

（3）泰山宫—兴文塔—源头突出以庙观塔泉为核心的道家文化、儒家文化、佛教文化以及"水口园林"精华，如图6-46所示。

南北向维度，遵循涞源自然地形条件、山水生态条件，传承北城池—南山水园林格局，设计突出两条南北向的轴线，并采取紧凑与松散、集中打造与有机更新相结合的方式来进行设计表达。

（1）七山—阁院寺南北"山城相望"主轴线上，突出古城的格局，并进行开敞空间打造，突出七山—镇海禅寺—拒马源头的人文自然胜景完整性塑造，突出"河流合流"的公共空间打造，并在低效空间和工厂空间通过相应的绿地恢复、水体环境治理、山水祭祀和宗教文化再生、休憩功能植入相结合的方式，进行空间表达，如图6-47所示。

（2）在东侧，则是依托泰山宫—兴文塔—拒马河公园以及南部的拒马河和先农坛—山川雷电坛旧址，进行轴线强化的相对自由有机自然的设计表达。用水和绿将文化组团进行串接，塑造蓝绿交织的城市空间，如图6-48所示。

图6-46　涞源老城自然、功能要素与宗教祭祀关系　图6-47　涞源老城地段绿地系统规划

图 6-48　涞源老城地段总体城市设计平面图

如图 6-49 所示，重点地区阁院寺及周边地区核心地段保护范围划分，以围墙外皮为基线，向东、向北各扩 15 m，南以天王殿台基边缘为基线，南扩 20 m，西扩 10 m，其建设控制地带则以保护范围为基线，向南、西、北各延伸 30 m，东延伸 55 m 至广昌大街。

如图 6-50 所示，重点地区兴文塔及周边地区核心地段保护范围划分，以东西两侧围墙为界，南至大门外江山台阶，北至一中教学楼前。

控制地带的建设则以保护范围为基线，向东、南、西、北各延伸 10 m。

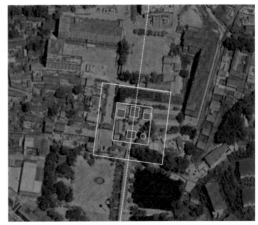

图 6-49　西轴线的阁院寺及周边环境　　　　　图 6-50　东轴线的水口园林及其周边环境

6.2.3　绿地提供和街区有机更新

（1）梳理历史空间及现有的空地，进行绿地织补，改善老城区现状居住环境品质。绿地系统包括拒马河泉群绿地、古城城墙绿地和居住组团级绿心，并且绿地空间通过街巷系统及其他公共空间串联，是居民日常休闲和活动交往的重要场所，如图 6-51 所示。

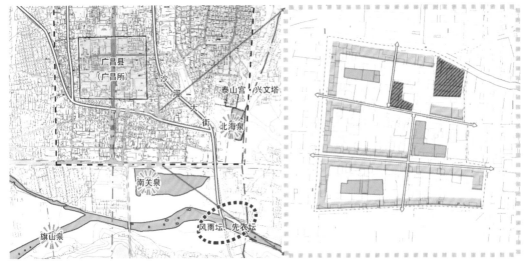

图 6-51　典型设计地段样本的区位选址

（2）街区更新模式方面，遵循消除消防隐患、保持街巷空间尺度和肌理、增加公共空间和服务空间的原则，进行活力活化和人居品质提升设计，如图 6-52 所示。

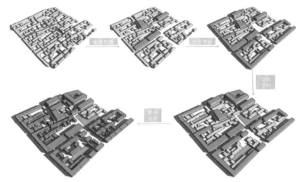

图 6-52 样本区域的微更新改造时序

6.3 东部滨湖新活力枢纽点设计

东部滨湖新活力枢纽点设计地段位于东西新城与老城交界交接以及南北山水交汇之处，绿带与拒马河交汇，可达性强，作为重点设计片区。因此，其设计的目的是：第一，形成老城活力区和东部产业区之间的新增长极；第二，进一步强化"太行之脉、绿意贯城"的营城理念，如图 6-53 所示。顺应太行山脉形成城市绿廊，在城市中形成 3 种不同形式的生态廊道，如图 6-54 所示。

为此，面向山水营城理念和活力引擎，可采用如下设计手段：

（1）围绕涞源的旅游发展战略目标和需求，建设园林式酒店，与涞源湖湿地公园相辅相成。

（2）通过尺度宜人建筑组合、小街区密路网布局形态形成新的商业休憩目的地。

（3）增加一定的文化和公共空间设施。

图 6-53　设计地段的自然和经济区位特征

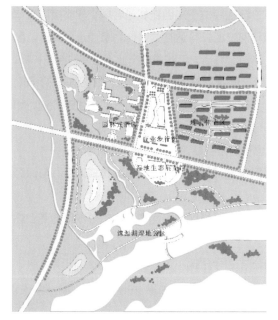

图 6-54　设计地段建筑群体组合

主要参考文献

[1]   ALEXANDER E R, MAZZA L, MORONI S. Planning without plans? Nomocracy or teleocracy for social-spatial ordering[J]. Progress in Planning, 2012, 77(PT-2): 37–87.

[2]   ALEXANDER E R. Why planning vs markets is an oxymoron: Asking the right question[J]. Planning & Markets, 2001, 3(4), 1–4.

[3]   ALEXANDER E R. The public interest in planning: From legitimation to substantive plan evaluation[J]. Planning Theory, 2002, 1(3), 226–249.

[4]   HAYEK F A. New studies in philosophy, politics, economics and the history of ideas[M]. London: Routledge & Kegan-Paul, 1978.

[5]   HAYEK F A. The fatal conceit: The errors of socialism[M]. London: Routledge, 1988.

[6]   MORONI S. Planning liberty and the rule of law[J]. Planning Theory, 2007, 6(2), 146–163.

[7]   MORONI S. Rethinking the theory and practice of land-use regulation: Towards nomocracy[J]. Planning Theory, 2010, 9(2), 137–155.

[8]   DAHRENDORFF R. Essays in the theory of society[M]. Stanford, CA: Stanford University Press, 1968.

[9]   WEBSTER C J, LAI W C. Property rights, planning and markets: Managing spontaneous cities. Cheltenham[J]. Edward Elgar Pub, 2003.

[10]   PORTUGALI J. Self-organization and the city[J]. Journal of east asiu & international lau, 2002.

[11]   FRIEDMANN J. The epistomology of social practice: A critique of

objective knowledge[J]. Theory and Society, 1978, 6(1), 75–92.

[12] FRIEDMANN J. Planning in the public domain: From knowledge to action[M]. Princeton, NJ: Princeton University Press, 1987.

[13] HEALEY P. Urban complexity and spatial strategies: Towards a relational planning for our times[M]. London & New York: Routledge, 2006.

[14] 弗里德曼 . 中小城镇规划 [M]. 武汉：华中科技大学出版社 , 2016.

[15] 斯蒂格利茨 . 公共部门经济学 [M]. 3 版 . 郭庆旺 , 杨志勇 , 刘晓路 , 等译 . 北京：中国人民大学出版社 , 2005.

[16] 于涛方 , 吴唯佳 , 等 . 体国经野：小城镇空间规划 [M]. 北京：清华大学出版社 , 2021.

[17] 刘荣 , 等 . 光绪广昌县志（二本十六卷）[M]. 台湾：成文出版社 , 1919.

[18] 吴唯佳 , 于涛方 , 武廷海 , 等 . 空间规划 II：大型项目引领的京张承协同发展 [M]. 北京：清华大学出版社 , 2020.

[19] 吴唯佳 , 武廷海 , 于涛方 , 等 . 空间规划 [M]. 北京: 清华大学出版社 , 2017.

后 记

　　本书是依据清华大学建筑学院城乡规划专业本科生 4 年级上学期课程"城乡规划设计（5）"与"城乡规划设计（6）"2019 年的设计课基础上整理而著写的。在教学过程中，得到了学界、政界、企业界等机构单位以及专家、领导的大力支持，在此表示最真诚的感谢。

　　在此，尤其要感谢建筑与城市研究所副所长吴唯佳教授在课程组织、成果评审等环节的大力支持；感谢武廷海教授在本课程开展中精心组织的一系列讲座。同时，在中期专题研究评审过程、终期规划设计评图过程中，也得到了建筑学院师生的支持。课程组织中，得到了相关地方政府、规划和研究机构的鼎力支持。保定涞源县规划局、涞源县文管所、中国城市发展规划院、清华同衡城市规划设计研究院有限公司等，在清华大学师生的现场调研、教学评审中给予了大力支持。感谢同衡城市规划设计研究院的卢庆强总工程师、汪淳所长、夏竹青所长的讲座；尤其要感谢北京联合大学的刘贵利教授、中国城市发展研究院的王禹博士，他们对于课程的顺利展开给予了无私的帮助，提供课程选点建议、联系相关单位、提供相关资料、提供相关的建议等。

　　最后要特别推出清华大学建筑学院城乡规划专业 2016 级本科生全体选修同学。他们分别是：夏雨珂、欧俊杰、周昕怡、刘锦轩、于卓群、陈杰、李楷、侯嘉琪。虽然他们在本科前 3 年没有接触过超过居住区级别的设计训练，但凭着他们的韧劲和拼劲，以及出类拔萃的"爆发力"，他们还是相当出色地完成了县级尺度的国土空间规划训练，此次国土训练规划地面积超过 2000 km^2。而且针对清华规划设计的人才培养目标，这些学生除了接受当前"规则导向"的相对规范化训练外，还参与了建筑学特色的核心技能和设计训练。并且在 2019 年，就尝试探索了双评价以及山水林田湖草等非建设用地规划设计乃至生态修复等工作。作为他们的班主任，感受到他们这种奋勇拼搏的学习精神，还是相当欣慰和感动的。同时，本书的出版得到清华大学出版社张占奎主任以及其他编辑、校对老师的全力支持，一并表示感谢。

县域国土空间规划一直在不断改革，而且会一直持续下去。当前，中国小城镇规划范式和方法论正在发生根本性的变化。当然，这种变化并不是对传统方法的一概摒弃，而是在继承中不断融通创新。从学生的作业成果到本书的形成，是另一个再整合、再创造的烦琐过程。在该过程中，出现谬误是难免的，更何况这也是国土空间规划尚处于探索期的教学初步尝试。但这方面的教学探索，我们不改初心，言近旨远，一直在路上。与之相伴随的是，城市规划是一个非常复杂的、动态的过程，有很多决策不仅需要方方面面的信息对称，而且还有权衡的过程。为此，本书中的一些判断不可避免的是"差之毫厘而谬以千里"。书中的观点和结论，是在一定的信息和资料约束条件下所做的判断，而且从真题假做的角度出发，在考虑现实操作性问题的同时，有时候反而鼓励学生可摒弃一些束缚，多一些学理的判断和设计畅想。因而特此说明，书中观点和结论，仅仅用于教学学术参考，不用于实际的决策。

最后，本书的照片除了个别标注出处外，其余均为于涛方本人拍摄；个别图表引自网络，一并致谢！

著者

2023 年 7 月 31 日于清华园